Franziska Bessau

Einfache Buchführung für Selbständige

Ein Grundlagenbuch, das Spaß macht

Hinweis: Dieses Buch ist als Hilfe zur Selbsthilfe gedacht und bietet zahlreiche konkrete Hinweise und wertvolle Hilfsmittel in Kürze. Es ersetzt jedoch nicht in jedem Fall eine individuelle fachliche Beratung.
Die Ratschläge und Aussagen in diesem Buch wurden aufgrund der jahrelangen Erfahrung und steuerberaterischen Berufspraxis der Autorin verfasst und mit aller gebotenen Sorgfalt recherchiert. Dennoch können weder Autorin noch Verlag irgendeine Haftung für Handlungsentscheidungen übernehmen, die LeserInnen des Buches treffen.

1. Auflage 2013

ISBN: 978-3-00-041568-5
Satz und Layout: Heike Hampel
Foto und Fotobearbeitung: Antonia Lange
Fotomontage: Regina Schaefer
Umschlaggestaltung: Franziska Bessau
Lektorat: Susanne Lück, www.lueckenlos.eu
Illustrationen: Angela und Heike Hampel
Bestellung: einfachebuchfuehrung@gmail.com

1. Einführung

Dieses Buch entstand durch meine Buchführungsseminare. Es richtet sich an Selbständige, die nicht buchführungspflichtig sind, eventuell eine nebenberufliche Selbständigkeit (in kleinem Umfang) betreiben und eine »Einnahmenüberschussrechnung« als Jahresabschluss erstellen müssen (statt einer Bilanz). Für Vereine, Land- und Forstwirtschaft, GmbHs oder Unternehmergesellschaften (UG) eignet sich dieses Buch nur sehr eingeschränkt.
Das Buch ist zur Anwendung in der Praxis verfasst und handwerklicher Natur. Ich erkläre die Grundlagen, gehe auf steuerliche Eckpunkte ein und verzichte weitgehend auf die juristische steuerrechtliche Tiefe. Das Steuerrecht ist eine sich ständig ändernde Materie, wie Sie dem aktuellen politischen Tagesgeschäft entnehmen können – und sollten.

Wer sich selbständig macht, verfügt meist über wenig anwendbares Wissen und Erfahrung in der Buchführung und hat über Steuern und Finanzamt selten Positives gehört. Das Steuerrecht ist kompliziert, voller Geschichten und Mythen, Glaubenssätze und Hörensagen. Wer hat diese Sätze nicht schon gehört: »Das Auto kannst du dann von der Steuer absetzen«, »Das bekommst du dann vom Finanzamt wieder.«, »Damit kannst du richtig Steuern sparen.«
Viele sind so unsicher, dass sie dann »die ganze Sache« inklusive der Buchführung anderen überlassen: der Buchhalterin oder der Steuerberaterin.
Das ist eine sehr entspannte Möglichkeit, die Sie allerdings nicht vor Überraschungen schützt. Für Ihre Buchführung und die Richtigkeit der Angaben haften Sie immer selbst, egal wer Ihnen dabei unter die Arme gegriffen hat und wessen Leistungen Sie in Anspruch genommen haben. Selbst wenn ein/e SteuerberaterIn die Buchführung übernommen hat: Sie stehen in der Verantwortung und werden zur Kasse gebeten, wenn es zu Steuernachzahlungen kommt. Fehler hin oder her, Schuld hin oder her. Wenn das eine schlechte Nachricht für Sie ist, dann ist das vielleicht ein guter Zeitpunkt, sich mit der Materie zu beschäftigen und eigenes Wissen anzueignen.
Denn der andere Weg besteht darin, die Buchführung und damit die wirtschaftliche Kontrolle und Steuerung Ihres eigenen Unternehmens selbst in die Hand zu nehmen. Ich habe bei meinen TeilnehmerInnen und MandantInnen immer wieder die Erfahrung gemacht, dass es wichtig ist, zumindest diese Entscheidung

selbst und bewusst zu treffen, ob Sie die Buchführung selbst übernehmen oder abgeben. Doch dafür müssen Sie wissen, worum es in der Buchführung geht und wie Sie damit umgehen können.

Sie brauchen zunächst ein gewisses Grundwissen über die Materie Buchführung und Steuern. Sie werden merken, dass Sie an den für Sie relevanten Punkten anfangen, die richtigen Fragen zu stellen, und werden sich durch die Antworten rasch zu Ihrer eigenen Expertin entwickeln. Vielleicht haben Sie diese Erfahrung schon gemacht: Wenn Sie nicht viel über ein Gebiet wissen, fällt es Ihnen schwer, Fragen zu formulieren. Ob Sie Ihre Bücher nun selber führen oder nicht, Sie brauchen dieses Wissen, damit Sie die richtigen Fragen stellen können und entsprechende Beratung bekommen, die Sie im Alltag umsetzen können.
Woher beziehen Sie aber nun das nötige Wissen? Ohne Langeweile und nicht mehr als Sie brauchen? Ohne dicke Bücher zu wälzen und ein Jahr zur Schule zu gehen?
Eine solide Basis zum Thema Buchführung haben Sie sich schon mit dem Erwerb dieses Buchs beschafft. Ich möchte Ihnen aber zusätzlich einen entsprechenden Kurs oder ein Seminar ans Herz legen. Achten Sie darauf, dass im Kursprogramm die Einnahmenüberschussrechnung enthalten ist.
Die Themen dieses Praxishandbuchs erstrecken sich von Belegen über die Ablage weiter zur Buchführung bis hin zur Einnahmenüberschussrechnung. Die Steuern stehen am Ende. Sie sind (unter anderem) das Ergebnis Ihrer Buchführung und Einnahmenüberschussrechnung.

Belege 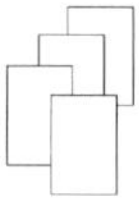

Ablage 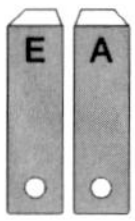

Buchführung 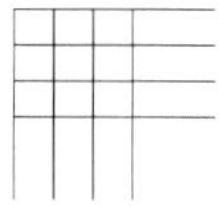

Noch ein Hinweis: Ich verwende verschiedene geschlechtsspezifische Bezeichnungen und oftmals die weibliche Form. Das große Binnen-I ebenso wie die Transgender-Form »_innen« sind sprachlich m. E. die respektvollste Art, alle Geschlechter gleichermaßen anzusprechen.
Ich hoffe, dass dieses handgearbeitete Werk jede Menge Energie bei Ihnen freisetzt und die Lust an der Buchführung derartig beflügelt, dass zumindest ein kleines Körnchen davon noch auf irgendeinem grauen Amtsschreibtisch aufleuchtet.

2. Das Drumherum: Hardware und Software

Wenn Buchführung für Sie schon gedanklich ein schwieriges Thema ist, dann entwickeln Sie vielleicht mehr Lust und Freude daran, wenn Sie folgenden simplen, aber in der Wirkung unglaublich erleichternden Tipp beherzigen:
Denken Sie an die Einrichtung und Aufteilung Ihrer Küche und übertragen Sie dieses Prinzip auf die Schreibtischarbeit! Töpfe und Pfannen sind in Herd-Nähe. Die Gewürze auch.
Für die Ablage und Buchführung ist es wichtig, dass Sie die nötige Infrastruktur schnell und einfach erreichen können. Allein die Vorstellung, der Buchführungordner stünde ganz oben auf Ihrem Schlafzimmerschrank, wirkt abschreckend, weil Sie so nur schwer an den Ordner herankommen. Der berühmte Schuhkarton ist wahrscheinlich deshalb so beliebt, weil er so nahe liegt, wenn man das Haus oder die Wohnung betritt ...

Wir werden die Angelegenheit jetzt professionalisieren und in eine befriedigendere Form bringen.

2.1. Platz

Ihre Schreibtischarbeit erfordert Raum. Sofern Sie kein Arbeitszimmer Ihr eigen nennen, schaffen Sie sich einen Schreibtisch an, an dem Sie diese Arbeiten bequem verrichten können. Sicherlich könnten Sie die Buchführung auch am Küchentisch verrichten. Genauso sicher ist aber, dass Sie dann die Buchführung niemals mit rechter Freude erledigen werden!
Außerdem brauchen Sie ein Regal, in dem freie Fläche vorhanden ist. Dieses Regal sollte in unmittelbarer Griffnähe zu Ihrem Schreibtisch stehen. Alles, was Sie oft verwenden, sollte darin Platz finden. Wozu Sie seltener greifen, kann weiter entfernt stehen.

Auch im Kleinen brauchen Sie Platz: Ihre Ordner dürfen nie zu voll sein. Der Ordnerdeckel sollte immer im Ordnerbügel einhaken. Tut er dies nicht mehr, ist der Ordner zu voll, und Sie müssen einen neuen Ordner anlegen. Halten Sie einen kleinen Vorrat an schmalen und breiten Ordnern bereit. So haben Sie immer Platz.

2.2. Zubehör

Hilfsmittel wie Kleberoller, Locher, Tacker, Trennstreifen und Stifte gehören auf den Schreibtisch bzw. in dessen Schubladen. Quälen Sie sich nicht mit alten Dingen, die noch irgendwie funktionieren. (Ich denke da an den schönen schwarzen Metalllocher meiner Großmutter – ein Prachtexemplar. Aber wenn ich ihn benutzen wollte, musste ich jede A4-Seite erst in der Mitte knicken.) Lochen und Abheften muss schnell gehen. Investieren Sie wie ich in einen neuen Locher mit Schiene, der so viel Platz bekommt, dass Sie die Schiene nicht jedes Mal ausziehen müssen.

2.3. Schöne Dinge sind gut für die Seele

Dieser Grundsatz gilt auch für die Buchführung! Machen Sie es sich schön! Schmücken Sie Ihre Ordner-Rücken mit bunten Markierungen, wenn es Ihnen Spaß macht. Benutzen Sie unterschiedliche Farben für »Betrieb« und »Privates«. Legen Sie Trennstreifen in Ihren Lieblingsfarben ein. Bedienen Sie Ihr ästhetisches Empfinden. Und halten Sie sich an klare Strukturen, das erleichtert die Übersicht. Klare große Beschriftungen oder Bildsymbole auf den Ordnerrücken lassen Sie nicht lange suchen und wühlen.

Die Zeit, die Sie beim Lochen und Heften eingespart haben, können Sie generös auf die kreative Verschönerung verwenden. Bekleben Sie die Ordner mit Blümchen, Karos oder Fotomotiven. Oder zeichnen Sie selbst einen Cartoon darauf.

Ein kleiner Hinweis noch: Lassen Sie Platz für die Beschriftung! Hier auf dem Rücken der Ordner sollten Schnörkel keinen Platz belegen. Beschriften Sie die Ordnerrücken so groß und deutlich wie möglich. Ist Ihre Schrift nicht so attraktiv, dann tippen Sie es in den Computer und lassen den Drucker oder ein Beschriftungsgerät für sich arbeiten. Es gibt für Ordnerrücken Vorlagen, die leicht im Internet zu finden sind.

Lassen Sie bei der Ablage und Buchführung nichts aus, was Ihnen gut tut. Seien es Räucherstäbchen, Kerzen oder klassische Musik. Eine ehemalige Kollegin hat es ähnlich wie einige Kursteilnehmerinnen formuliert: »Wenn es mir nicht gut geht, dann setze ich mich an die Buchführung. Das ist wie Meditation und gibt mir Halt.« Vielleicht kennen Sie auch das beruhigende Gefühl, wenn Sie etwas fertig gemacht haben. Nutzen Sie diesen Effekt auch für den »Papierkram«.

2.4. Ordnung ist das halbe Leben

Schönheit allein ist nicht alles: Ihr Schreibtisch sollte aufgeräumt und so leer wie möglich sein.
Was für die Buchhaltung gilt, gilt auch für alle anderen papierlastigen Bereiche. Wenn Sie Stapel und ungeordnete Papiere reduzieren möchten, dann lautet die

1. Grundregel: Wegwerfen, was nicht gebraucht wird.
2. Grundregel: **Lochen und Abheften**. Seien Sie rigoros. Gibt es keinen Ordner, dem Sie das Papier zuordnen können, legen Sie einen neuen an. Schließlich haben Sie gerade in den Regalen Platz gemacht.
3. Grundregel: Vermeiden Sie Ablagekörbe! Was Sie dort hineinlegen, ist aus den Augen und aus dem Sinn – aber nicht weggearbeitet. Die Körbchen eignen sich viel besser als Spender für Papier, Umschläge und dergleichen.

Derartig gut vorbereitet und ausgestattet wenden wir uns den ernsteren Dingen der Buchhaltung zu. Sollte Sie dabei einmal die Langeweile packen, belohnen Sie sich für Ihre Aufmerksamkeit, schnappen sich einen Ordner und beschriften oder verzieren Sie ihn.

Fangen wir an mit den gesetzlichen Grundlagen der Buchführung.

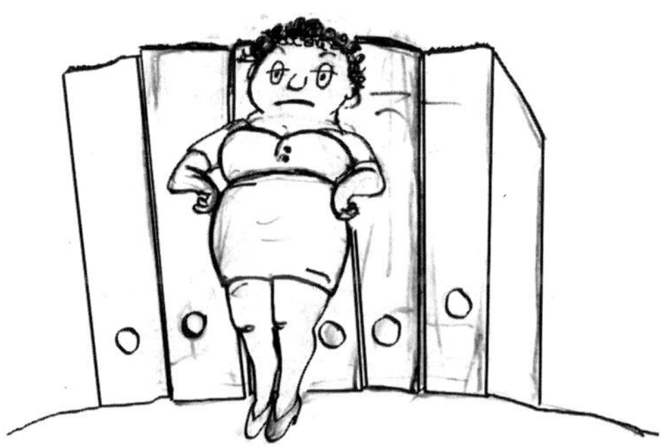

3. Grundlagen der Buchführung – die wichtigsten Gesetze

In Deutschland ist fast alles gesetzlich geregelt. So auch die Verpflichtung aller selbständigen Unternehmerinnen zur Buchführung. Folgende Gesetze sind die wichtigsten:

3.1. Die Abgabenordnung (AO)

Die Abgabenordnung (AO) ist das Steuergesetz der Steuergesetze, das Dach, das über alle Steuergesetze gespannt ist. Viele kennen sie nicht, obwohl sie ihnen bekannt ist und sie die AO sogar schon angewendet haben. Wer bereits einen Steuerbescheid bekommen hat, kann dieses Kürzel hinter einem Paragraphen sehen, z. B.: »Dieser Bescheid ist vorläufig nach § 165 Abs. 1 AO.« Die wenigsten haben je darauf geachtet, weil dieser Satz allein nicht zu verstehen ist. Im Kleingedruckten findet sich dann die Begründung, wie etwa: »Der Bescheid ist vorläufig, weil zur Zeit die Gewinnerzielungsabsicht nicht abschließend beurteilt werden kann.« (Siehe auch Abschnitt 13.2.). Die meisten schauen nur auf den Geldbetrag, den sie zahlen sollen oder zurückerhalten.

Doch wenn Sie einmal Einspruch gegen einen Steuerbescheid eingelegt haben, haben Sie die Abgabenordnung bereits angewendet, ohne es vielleicht bemerkt zu haben. Die Abgabenordnung regelt, wie und innerhalb welcher Frist der Einspruch einzulegen ist und welche Bedingungen außerdem erfüllt sein müssen (§§ 347 ff. AO).
In der Abgabenordnung ist auch die Buchführungspflicht geregelt (§§ 141 ff. AO). Sinngemäß steht dort:

»Buchführungspflichtig sind alle Gewerbetreibenden, deren Umsatz über 500.000 € oder deren Gewinn über 50.000 € im Jahr liegt.«

Wenn Sie Freiberuflerin sind oder ein Gewerbe haben, dessen Umsatz und Gewinn unter 500.000 € bzw. 50.000 € liegen, brauchen Sie keine Buchführung im Sinne der Abgabenordnung abzugeben. Das sagt dieser Paragraf auch aus. Sind Sie jetzt irritiert? Heißt das eventuell, dass Sie gar nichts in dieser Richtung unternehmen müssen? Das Buch hat doch gerade erst angefangen …

*Halt, es gibt ja noch den **§ 140 AO**:*

> **Buchführungs- und Aufzeichnungspflichten nach anderen Gesetzen**
> Wer nach anderen Gesetzen als den Steuergesetzen Bücher und Aufzeichnungen zu führen hat, die für die Besteuerung von Bedeutung sind, hat die Verpflichtungen, die ihm nach den anderen Gesetzen obliegen, auch für die Besteuerung zu erfüllen.

Ein anderes Gesetz, das auch für die Besteuerung von Bedeutung ist, ist die Pflegedienstbuchführungsverordnung. Diese Verordnung ist kein Steuergesetz und damit ein anderes Gesetz im Sinne des § 140 AO. Sie sieht mit ein paar Ausnahmen die Buchführung nach dem Handelsgesetzbuch (HGB) und nach § 141 Abgabenordnung vor, die zusätzlich mit ein paar Extras garniert werden. Das bedeutet, dass Pflegeeinrichtungen, die unter die Pflegedienstbuchführungsverordnung fallen, zur doppelten Buchführung verpflichtet sind.

Als Freiberufler_in oder Kleingewerbetreibende (alle Gewerbebetriebe, deren Umsatz weniger als 500.000 € und deren Gewinn geringer als 50.000 € pro Jahr) sind Sie nicht zur doppelten Buchführung verpflichtet und brauchen sich mit ihren Aufzeichnungen lediglich nach anderen Steuergesetzen zu richten.

3.2. Was andere Steuergesetze über Aufzeichnungspflichten verraten

3.2.1. Das Einkommensteuergesetz

Das Einkommensteuergesetz enthält im § 4 Abs. 3 Hinweise zur Gewinnermittlung. Demnach müssen alle nichtbuchführungspflichtigen Selbständigen ihren Gewinn ermitteln, indem sie von den Betriebseinnahmen die Betriebsausgaben abziehen. Das heißt, dass alle Freiberufler_innen und »Kleingewerbetreibenden« (i. S. d. AO) eine Einnahmenüberschussrechnung erstellen müssen.

Daraus folgt, dass Sie Ihre

	Betriebseinnahmen
und Ihre	Betriebsausgaben

aufschreiben müssen und die einfache Formel

> Betriebseinnahmen abzüglich Betriebsausgaben ergibt Gewinn (Verlust)

anwenden müssen.

Was aber, wenn die Ausgaben die Einnahmen übersteigen? Dieser Fall wird nicht ausdrücklich im Gesetz erwähnt – das bedeutet, auch wenn Sie einen Verlust hinnehmen mussten, wenden Sie die Formel stur an. Verlust ist nur negativer Gewinn.

3.2.2. Das Umsatzsteuergesetz

Auf die Umsatzsteuer gehe ich in Kapitel 9 noch einmal genauer ein. Hier geht es erst einmal um die Aufzeichnungspflichten.
Im Umsatzsteuergesetz gibt es einige sehr spezielle Formerfordernisse, was vor allem den innergemeinschaftlichen Handel in der Europäischen Gemeinschaft betrifft. Bezüglich der Buchführung (auch ohne innergemeinschaftlichen Handel) müssen Sie Folgendes beachten: Aus der Buchführung muss die Bemessungsgrundlage für die Umsatzsteuer erkennbar sein. Das bedeutet, dass die Nettobeträge der Einnahmen, auf welche die Umsatzsteuer berechnet wird, ausgewiesen sind. Es heißt außerdem, dass Sie Einnahmen nicht mit Ausgaben verrechnen dürfen (§ 22 Abs. 1 UStG).
Zudem müssen die Nettoeinnahmen getrennt nach Steuersätzen erfasst sein. Wenn Sie Umsätze haben, die allgemein mit 19 % besteuert werden, und Umsätze, die ermäßigt mit 7 % versteuert werden, brauchen Sie getrennte Einnahmekonten.

Sind Sie umsatzsteuerpflichtig und haben z. B. 1.050 € eingenommen, müssen Sie die 1.050 € in den Nettobetrag und die Umsatzsteuer (Mehrwertsteuer) aufteilen.
Wenn Sie den Bruttobetrag in Höhe von 1.050 € durch 1,19 dividieren, ergibt sich ein Nettobetrag von 882,35 €.

brutto		**ergibt netto**		**ergibt MwSt.**
1.050 €	: 1,19	882,35 €	x 0,19	167,65 €

In der Einnahmenüberschussrechnung ergibt sich daraus:

Einnahmen (19 %)	882,35 €	(Bemessungsgrundlage)
19 % Umsatzsteuer	167,65 €	
Gesamt	1.050,00 €	

3.2.3. Das Gewerbesteuergesetz

Das Gewerbesteuergesetz kennt keine eigenen Aufzeichnungspflichten. Die Gewerbesteuer nutzt den Gewinn aus der Einnahmenüberschussrechnung (EStG). Zum Gewinn werden einige Positionen hinzugerechnet (§ 8 GewStG) sowie einige Positionen gekürzt (§ 9 GewStG). Sollten Sie ein Gewerbe haben, ist es sinnvoll, die Buchführungskonten so einzurichten, dass die Hinzurechnungen aus der Einnahmen-Überschussrechnung direkt abgelesen werden können. Die wichtigsten sind z. B.:

- Mieten, Pachtzinsen
- Leihgebühren
- Zinsen

Das Gewerbesteuergesetz gilt für alle Gewerbetreibenden. Die Freiberufler_innen betrifft das Gewerbesteuergesetz nicht; sie zahlen auch keine Gewebesteuer. Wer freiberuflich ist, richtet sich nach § 18 EStG. In der Einkommensteuerrichtlinie werden zusätzlich zu den im § 18 EStG genannten noch einzelne Berufe auf ihre Zugehörigkeit zum Gewerbe oder zu einem freien Beruf aufgezählt. Diese Liste ist nicht vollständig und ist eine Folge des steten Rechtssprechungswandels als auch eine Folge dessen, dass sich immer wieder neue Berufsbilder (wie z. B. das Webdesign) entwickeln.

Einiges Hin und Her mussten die BerufsbetreuerInnen erleben. Ab dem Jahr 2004 wurden sie höchstrichterlich der gewerblichen Tätigkeit zugeordnet, seit 2010 gehören sie höchstrichterlich nicht mehr zu den Gewerbetreibenden. Die BerufsbetreuerInnen sind aber auch nicht freiberuflich nach § 18 Abs. 1 Nr. 1 EStG tätig. Sie üben eine sonstige selbständige Tätigkeit nach § 18 Abs. 1 Nr. 3 EStG aus und sind demnach nicht mehr gewerbesteuerpflichtig.

Falls Sie Zweifel haben: Das Finanzamt prüft, ob Sie freiberuflich oder gewerblich tätig sind, spätestens dann, wenn Sie die Grenze des Gewerbesteuerfreibetrags (nur bei Einzelunternehmen und Personengesellschaften, die aus natürlichen Personen bestehen) von 24.500 € Gewinn überschritten haben.

3.3. Wie viel von welcher Buchführung?

Zurück zu den Buchführungs- und Aufzeichnungspflichten. Falls Sie übrigens über die Begrifflichkeiten »Buchführung« und »Buchhaltung« stolpern: Damit ist ein und dasselbe gemeint.

In der Abgabenordnung ist die Buchführungspflicht (doppelte Buchführung) für Gewerbetreibende geregelt. Das Einkommensteuergesetz ist das wichtigste

Gesetz für alle, die aufzeichnungspflichtig sind (Freiberufler_innen und Kleingewerbetreibende) und eine einfache Buchführung betreiben.

3.3.1. **Unterschiede zwischen Buchführung** (doppelter Buchführung) **und Aufzeichnung nach anderen Steuergesetzen** (einfacher Buchführung)

Was heißt Buchführung und was ist das »Buchen«?

Buchen heißt aufschreiben. Sie können das Wort »Buchen« durch »Aufschreiben« ersetzen.

Was heißt »doppelte Buchführung«?
Mit Buchführung, Finanzbuchhaltung, Kaufmännischer (auch Kauffraulicher) Buchhaltung oder Sollbuchhaltung ist immer die doppelte Buchführung gemeint, also die »echte« Buchführung nach §§ 141 ff AO.
Doppelte Buchführung heißt nicht: eine Buchführung für mich, die andere für das Finanzamt. Doppelte Buchführung bedeutet, dass für jeden Geschäftsvorfall zwei Buchungen notwendig sind. Zunächst wird die Leistung buchhalterisch erfasst, später wird die Zahlung gebucht (siehe auch weiter unten).

Einfache Buchführung
Aufzeichnungspflichten nach anderen Steuergesetzen nenne ich »einfache Buchführung«. Im steuerlich betriebswirtschaftlichen Sinn wird unter einfacher Buchführung eine abgewandelte Form der doppelten Buchführung verstanden.
Die einfache Buchführung wird auch Belegbuchführung oder Ist-Buchführung genannt. Weil anhand der Belege nur die Geschäftsvorfälle aufgeschrieben werden, wenn das Geld tatsächlich geflossen ist. Und sehr erleichternd für Fans von Wenig-Buchführung ist, dass jeder Geschäftsvorfall nur einmal aufgeschrieben werden muss.

Doppelte versus einfache Buchführung

Um die Unterschiede zu verdeutlichen, folgendes Beispiel:
Bei einer Büromateriallieferung und -zahlung über das Bankkonto werden folgende Buchungen aufgeschrieben:

	doppelte Buchführung	einfache Buchführung
Buchungen	Buchung 1 Büromaterial/Verbindlichkeiten am 11.06.2012 100 € Buchung 2 Verbindlichkeiten/Bank am 27.06.2012 100 €	Buchung 1 Büromaterial/Bank am 27.06.2012 100 €
Zeitpunkt der erfolgswirksamen Buchung (Auswirkung auf den Gewinn)	Datum der Rechnungslegung bzw. Rechnungserhalt 27.05.2012	Datum des Geldflusses 27.06.2012
Konten	T-Konten	keine
Buchungen	SOLL an HABEN	IST
1	Büromaterial an Verbindlichkeiten	
2	Verbindlichkeiten an Bank	
Jahresabschluss	durch Vermögensvergleich in der Bilanz ergänzt durch die Gewinn- und Verlustrechnung (GuV)	durch Gegenüberstellung der Einnahmen und Ausgaben in der Einnahmenüberschussrechnung (EÜR)

Verbindlichkeiten sind Zahlungsverpflichtungen, also Schulden, die Sie bis zu einem bestimmten Zeitpunkt (Zahlungsziel) einlösen müssen. Ein T-Konto ist ein Konto mit zwei Seiten: Eine für Soll-Buchungen auf der (meist) linken Seite »Konto«, eine für Haben-Buchungen auf der (meist) rechten Seite »T«.

Aus der doppelten Buchführung resultieren weitere Pflichten, die nicht für die einfache Buchführung gelten. Alle auf § 141 AO folgenden Paragrafen halten weitere Verpflichtungen bereit. Die wichtigsten, die ich nennen möchte sind:

Tägliche Kassenaufzeichnungen (§ 146 AO)
Haben Sie schon einmal gehört, Sie müssten ein Kassenbuch führen? Das betrifft wirklich nur diejenigen, die buchführungspflichtig nach der Abgabenordnung und zur doppelten Buchführung verpflichtet sind. Das sind vermutlich nicht Sie! Alle anderen können ein Kassenbuch führen. In einigen Geschäften, bei denen viel Bargeld fließt, ist das sinnvoll: Zum einen haben Sie einen Überblick über den Kassenstand und können diesen kontrollieren. Zum anderen können Sie sich bei einer Betriebsprüfung durch das Finanzamt einigen Ärger sparen.

Besondere Aufbewahrung von Unterlagen (§ 147 AO)
Die Buchführung muss elektronisch erfolgen und auch zehn Jahre elektronisch aufbewahrt werden, in der die Lesbarkeit garantiert werden muss.

Weitere Aufzeichnungspflichten
Gewerbetreibende müssen ihren Wareneingang aufzeichnen (§ 143 AO). Rohstoffe, Hilfsstoffe, alles, was zur Weiterveräußerung (mit oder ohne Ver- oder Bearbeitung) oder Verbrauch bestimmt ist. Bei einem Gartenbaubetrieb sind das z. B. alle Pflanzen, Erden, Steine, Hacken, Harken etc.
Aufzeichnung des Warenausgangs (§ 144 AO) bei HändlerInnen, die andere Gewerbetreibende beliefern (GroßhändlerInnen).

3.3.2. Allgemeine Anforderungen und Grundregeln an die Buchführung (Grundsätze ordnungsgemäßer Buchführung, GoB)

Diese Grundsätze stehen teils im Handelsgesetzbuch (HGB), teils in der Abgabenordung (AO). Ich zähle diejenigen auf, die für Sie relevant sind und relativiere sie für die einfache Buchführung.
Wenn Sie sich an diesen »Ehrenkodex« halten, macht er Ihnen das Leben (zumindest das buchhalterische und steuerliche) leichter.

1. Die Buchführung muss so erfolgen, dass ein sachverständiger Dritter innerhalb angemessener Zeit einen Überblick über die Geschäftsvorfälle und über die Vermögenslage des Unternehmens erhält (Klarheit und Übersichtlichkeit).
2. Die Buchführung muss wahr und vollständig sein.
3. Eintragungen müssen in einer lebenden Sprache vorgenommen werden (keine Abkürzungen oder Symbole).
4. Alle Geschäftsvorfälle sind fortlaufend, richtig und vollständig zu erfassen.
5. Vermeiden Sie Bleistifteintragungen.

6. Alle Buchungen müssen aufgrund von Belegen jederzeit nachprüfbar sein. Keine Buchung ohne Beleg! Erzählungen und Geschichten werden nicht aufgeschrieben (zumindest nicht in der Buchführung). Es wird nur dann gebucht, wenn es ein Schriftstück (Beleg) über den wirtschaftlich relevanten Vorgang gibt. Mehr zum Bereich »Belege« im Kapitel 5. Zur jederzeitigen Nachprüfbarkeit gehört auch die Lesbarkeit der Belege. Das ist insbesondere bei Thermobelegen wichtig, da diese mit der Zeit und mit dem Licht verblassen. Sie vertragen keine Textmarker, nicht alle Klebstifte und Klebestreifen. Kopieren Sie die Thermobelege, die schon im Zeitpunkt der Buchführung sehr verblasst sind.
7. Der Zusammenhang zwischen Geschäftsvorfall, Beleg und Konto wird durch die Buchführung hergestellt.
8. Bücher und Buchungsbelege sind zehn Jahre lang aufzubewahren.
9. Zum Schluss eines jeden Geschäftsjahres ist ein Jahresabschluss zu erstellen (Einnahmenüberschussrechnung).
10. Das System der gewählten Buchführung muss die sachgemäße Erfassung sämtlicher Geschäftsvorfälle ermöglichen.

Ich möchte noch einmal auf Punkt 1 eingehen:

> **§ 145 AO:**
> (1) [1]Die **Buchführung** muss so beschaffen sein, dass sie einem **sachverständigen Dritten** innerhalb angemessener Zeit einen Überblick über die Geschäftsvorfälle und über die Lage des Unternehmens vermitteln kann. [2]Die Geschäftsvorfälle müssen sich in ihrer Entstehung und Abwicklung verfolgen lassen.
> (2) **Aufzeichnungen** sind so vorzunehmen, dass der Zweck, den sie für die Besteuerung erfüllen sollen, erreicht wird.

Diese Vorschrift gilt für die doppelte Buchführung. Aber auch bei der einfachen Buchführung sollten Sie sich an diese einfache Grundregel halten. Zum einen finden Sie Ihre eigenen Belege schneller, zum anderen haben Sie für den Fall einer Betriebsprüfung bessere Karten, wenn die BetriebsprüferIn ein wohlgeordnetes Werk vorfindet.

An dieser Stelle könnte wieder der Anfang vom Ende des legendären Schuhkartons liegen. Sie können in einem Schuhkarton Schuhe sortieren. Sie wissen auch, wie viele Schuhe in einem Schuhkarton Platz haben. Es ist jedoch kein guter Platz für Belege und Buchhaltungsunterlagen. Meiden Sie auch Schubladen jeder Art und Prospekthüllen. Solche durchsichtigen Hüllen können Sie

zwar bequem abheften, und sie eignen sich wunderbar zum »Hineinwerfen« von ungeordneten Belegen. Sobald Sie aber eine Addition durchführen wollen, haben Sie schon wieder einen Berg loser kleiner Zettel vor sich liegen (ich denke hier vor allem an die Portobelege über 2,20 €). Wenn nun eine sachverständige dritte Person Ihre Rechnung nachvollziehen möchte, dann geht das mit Prospekthüllen weder »einfach« noch »schnell«.
»Macht nichts«, erwidern Sie vielleicht. »Ich kann ja immer noch umsortieren.« Sparen Sie sich diesen Berg an unerquicklicher zusätzlicher Arbeit. Der könnte nämlich auch der Grund für eine gewisse Abneigung gegen Buchführung und Steuern sein: Es ist so viel Arbeit. Am besten lochen und heften Sie alles direkt beim Sammeln der Belege ordentlich ab (siehe noch einmal Kapitel 2).

3.4. Wenn es kompliziert wird

Die einfache Buchführung orientiert sich an der Realität und bietet einfache Lösungen an. Das Leben ist kompliziert. Die Buchführung ist im Grunde so simpel, dass sie sich sogar zur Meditation eignet. Es geht lediglich darum, die wirtschaftliche Realität in einen Buchungssatz zu übersetzen.
Es kann vorkommen, dass Sie anscheinend komplizierten Sachverhalten gegenüber stehen. Sie zweifeln, knobeln und gelangen zu keiner Lösung? Die Vorgänge in der Buchführung sind jedoch immer einfach. Jede Buchung hat nur fünf Komponenten:

Wann	Was	Wie viel	Buchungskonto	Geldkonto

Wenn das Problem komplex ist und Ihnen nichts einfaches Buchhalterisches dazu einfällt, dann haben Sie es oft mit einer zeitlichen Konzentration zu tun, d. h. mit mehreren Vorgängen, die scheinbar gleichzeitig stattfinden.

Folgen Sie dann diesem Weg:

1. Was ist geschehen? Schreiben Sie es in einem Satz auf.

Es kann sein, dass in Ihrer Beschreibung dessen, was in der Realität vorgefallen ist, mehrere Vorgänge versteckt sind. Dann müssen Sie zeitlich denken und nicht auf einem Punkt.
Ein typisches Beispiel: Ich kaufe am 01.07.2012 meinen PC auf Raten für 900 €. In diesem Satz sind am 01.07.2012 zwei Vorgänge enthalten: Die Anschaffung des PC und die Finanzierung durch ein Darlehen (Raten).

2. Malen Sie sich einen Zeitstrahl auf! Schreiben Sie jeden Vorgang einzeln auf.
Jeder Vorgang ist eine Buchung.

1) Der Kauf des Computers: Mein Betrieb bekommt Vermögen am 01.07.2012 in einem Wert von 900 €.
2) Die Aufnahme eines Kredits: Mein Betrieb macht am 01.07.2012 Schulden und ich habe einen Ratenkredit von 900 € (Darlehen).
3) Die Betriebsausgaben entstehen erst mit der Abschreibung zum 31.12. in Höhe von 150 €.
4) Die monatlichen **Raten** von 50 € tilgen das Darlehen. Das Bankkonto nimmt um 50 € ab und auch der Ratenkredit (Darlehen). Das passiert auf der Vermögensebene. Die Tilgung ist keine Betriebsausgabe, sie mindert das Darlehen.
5) Sind in den Raten von 50 € **Zinsen** in Höhe von 10 € enthalten, dann tilgen 40 € den Ratenkredit und 10 € sind **Betriebsausgaben.**

3. Bei allen Vorgängen, zwischen denen mindestens 1 Sekunde liegt, haben wir es mit mehreren Vorgängen und mit mehreren Buchungen zu tun.
Bei der Buchführung müssen wir langsam die Dinge entzerren, eins nach dem anderen tun (und aufschreiben), damit wir zu Lösungen kommen und erkennen, was buchhalterisch passiert ist.

Ein anschauliches Beispiel:
Am Sivesterabend fand die Frauendisco statt. Die DJane bekommt 250 €. Am übernächsten Morgen wurde das Bargeld auf der Bank eingezahlt. In der Buchführung findet sich folgende Buchung:
02.01.2013Bank/Einnahme Disco 750 €

Ist es so gewesen? Übersetzt hieße diese Buchung: Die Frauen haben am 02.01.2013 in der Bank gestanden und ihren Eintritt bezahlt. Eine DJane wurde nicht honoriert.

Das kann so nicht gewesen sein. Entzerren wir also diesen Abend und diesen Morgen:

1. Die Frauen haben am 31.12.2012 ihren Eintritt bar bezahlt (Einnahmen), 1.050 €.
2. Die DJane erhält am 31.12.2012 ihr Honorar (Ausgabe), 250 €.
3. Die Veranstalterinnen haben am 01.01.2013 Geld aus der Kasse genommen und am 02.01.2013 zur Bank getragen, und zwar genau 750 € (Geldtransit).

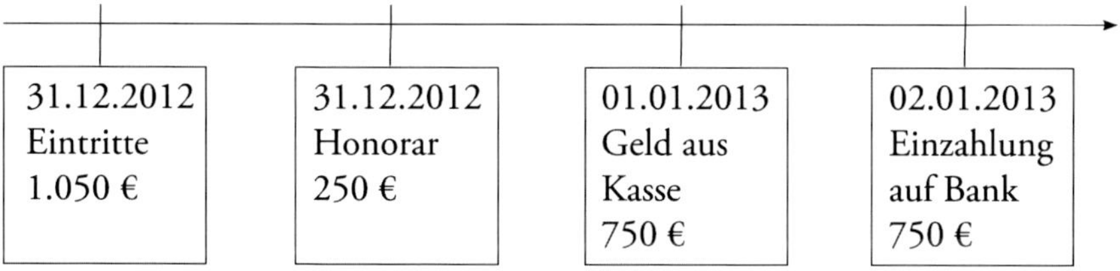

Das ergibt folgende Buchungen:

1.	31.12.2012	Kasse/Einnahme	Disco	1.050 €
2.	31.12.2012	Honorar/Kasse	DJane Catrin	250 €
3.	01.01.2013	Transit/Kasse	bar aus Kasse	750 €
4.	02.01.2013	Bank Transit	zur Bank	750 €

Dass Geld von der Kasse zur Bank gebracht wird, könnten wir so übersetzen, dass das Geld die Hosentaschen wechselt. Also von rechts nach links. Bei solch einem Transport kann immer etwas verloren gehen oder etwas passieren. Beispielsweise kann eine im Laden die Schuhe entdecken, die sie jetzt kaufen möchte. Es kann aber auch sein, dass sie einfach nur Hunger hat und sich bei der Bäckerin ein Brötchen für 2 € kauft. Weshalb sie auf der Bank nur noch 748 € einzahlt. Die 2 € sind dann Privatentnahme (privater Hunger).

Die letzten 2 Buchungen sind dann:

4.	02.01.2012	Bank/Transit	748 €
5.	02.01.2012	Privatentnahme/Transit	2 €

Wer bei diesem Beispiel 50 € vermisst: Es wurde nicht das gesamte verfügbare Bargeld zur Bank gebracht sondern nur ein Teil.
Sie sehen, wie genau Buchführung sein kann. Klar, wahr und einfach.

Greifen Sie ruhig zu ungewöhnlichen Mitteln. Buchführung muss gar nicht trocken oder langweilig sein. Die Vorgänge aufzuzeichnen bzw. bildhaft aufzumalen ist sehr hilfreich – Sie können die Vorgänge viel klarer erkennen. Seien Sie kreativ und würzen Sie Ihre Buchführungsmeditation mit Bildern, wenn es einmal schwierig wird.

4. Aufbau der Buchführung

Sie kennen bereits das Ergebnis der Buchführung: die Einnahmenüberschussrechnung. Wie Sie aus dem vorigen Kapitel wissen, ist das folgende Formel:

4.1. Betriebseinnahmen und Betriebsausgaben

Betriebseinnahmen – Betriebsausgaben = Gewinn/Verlust

Kurz zu den Begriffen: Es gibt viele unterschiedliche Begriffe, die ein- und dasselbe meinen oder inhaltlich nur wenig differieren. Für Ihre Buchführung ist diese kleine inhaltliche Unterscheidung theoretischer Natur und Sie können die jeweiligen Begriffe untereinander bedenkenlos austauschen.

Betriebseinnahmen	-	**Betriebsausgaben=**	**Gewinn/Verlust**
Erlöse		Betriebskosten	Ertrag
Umsatz		Aufwand	Einkünfte
Umsatzerlöse			Einkommen*

*(Die gesetzliche Krankenversicherung meint mit »Einnahmen« u. a. Ihren Gewinn.)

Wenn Sie nach dieser Formel zwei Belegstapel bilden – einen für Einnahmen und einen für Ausgaben – dann ist alles fertig? Fast! So einfach ist das.
Sie bilden allerdings mehrere Stapel, damit die Einnahmenüberschussrechnung aussagekräftiger wird. »Stapel« natürlich nur im übertragenen Sinn, denn wie im ersten Kapitel beschrieben, wollen wir mit System und Ordnung – sprich ohne lose Blätter – auskommen.

4.2. Die Grundordnung – Trennung von Privatem und Betrieblichem

Die grundsätzliche Trennung von Privatem und Betrieblichem hilft Ihnen in der Buchführung, den Faden aufzunehmen. Auch bei Ihren Ordnern sollten Sie zwischen betrieblichen und privaten Ordnern farblich unterscheiden. Sie sollten auch zwei Bankkonten haben: Ein privates und ein betriebliches.

Das ist zwar nicht vorgeschrieben, jedoch für den Überblick sehr sinnvoll. Außerdem brauchen Sie Ihre privaten Bankauszüge nicht zehn Jahre lang aufzubewahren, sondern maximal zwei Jahre. Wenn Sie ein betriebliches Bankkonto haben, ist das Privatkonto nicht Bestandteil einer eventuellen Betriebsprüfung. Solange Sie nur ein Bankkonto haben, wird dieses bei einer Betriebsprüfung ganz herangezogen.

Vielen fällt es schwer, zwischen betrieblich und privat zu unterscheiden. Eine Frau, die mit viel Herzblut in die Selbständigkeit gegangen ist und eventuell auch noch von zu Hause aus arbeitet, identifiziert sich persönlich sehr stark mit dem, was sie tut. Dann ist die berufliche Tätigkeit mit dem eigenen Ich verbunden. Das führt dazu, dass wir uns und unseren Beruf als eine Einheit verstehen.
Für die Buchführung und den steuerlichen Teil unseres Lebens ist es leichter, wenn wir den Trennstrich ziehen, ohne unser Ich aufzugeben.
Erscheinen Ihnen die buchhalterischen Probleme zu groß und zu komplex? Dann denken Sie an den dicken Trennstrich, der zwischen BETRIEBLICH und PRIVAT in der Buchführung steht.

Die erste Fragestellung sollte für Sie immer sein: *»Ist das betrieblich oder privat?«* Je nachdem, wie Ihre Antwort ausfällt, haben Sie die erste Zuordnung bereits vorgenommen.

BETRIEBLICH | **PRIVAT**

An dieser Stelle eine kleine Übung: Im vorangegangenen Kapitel haben Sie bereits drei Steuerarten kennengelernt. Probieren Sie es doch einmal aus:

Die Umsatzsteuer	gehört in den	______________	Teil.
Die Einkommensteuer	gehört in den	______________	Teil.
Die Gewerbesteuer	gehört in den	______________	Teil.

Die Umsatzsteuer ist eine betriebliche Steuer, weil nur Unternehmer_innen umsatzsteuerpflichtig sein können. Die Einkommensteuer ist eine private Steuer, da nur natürliche Personen einkommensteuerpflichtig sind. Die Gewerbesteuer ist eine betriebliche Steuer.
Wenn Ihre Antwort BETRIEBLICH lautet, dann überlegen Sie von dort aus weiter: *Betriebseinnahme? Betriebsausgabe? Geld? Vermögen?*
Weil Bilder und Aufmalen so vieles in der Buchführung verständlicher machen, finden Sie in der Anlage ein Schema, das Sie selbst immer wieder nutzen können.

4.3. Die Vermögensebene

Im betrieblichen Bereich haben wir nicht nur die Erfolgsebene (Gewinn oder Verlust, Einnahmen und Ausgaben), es gibt auch noch die Ebene des Betriebsvermögens. Auf die Darstellung des Betriebsvermögens kommt es bei der einfachen Buchführung nicht so sehr an. Sie erinnern sich, dass es lediglich um die Aufzeichnung der Betriebseinnahmen und Betriebsausgaben geht.
Doch alle Phänomene lassen sich besser darstellen, wenn wir die Vermögensebene in unser Denken mit einbeziehen (siehe in der Anlage: Schema/Übersicht). Tun wir das nicht, ist die Vermischung der Geldebene mit der Einnahmen- und Ausgabenebene leider naheliegend und würde uns oft zu falschen Schlussfolgerungen führen.

Wenn Einnahmen und Ausgaben vorhanden sind, dann fließt meist auch Geld. Für diesen Zweck gibt es drei verschiedene »Geldtöpfe«.

- Geschäftskonto
- Kasse
- Privat (bezahlte Betriebsausgaben)

Der Topf »Privat« symbolisiert in der Buchführung (BETRIEBLICH) alle Geldflüsse von Betriebseinnahmen oder -ausgaben, die im PRIVAT-Bereich fließen. Da die Buchführung (BETRIEBLICH) nur bis zum dicken Trennstrich geht (niemals darüber hinaus), wird dieser fiktive Geldtopf »Privat« genannt. Im klassischen Kontenrahmen werden Privateinlagen gebucht.

Sie müssen sich in der Buchführung folgende Frage stellen und beantworten: *»Ich habe eine Betriebsausgabe. Wo ist dafür das Geld geflossen?«*

Natürlich kann es beliebig mehr Geldtöpfe geben, z. B. wenn Sie über zwei Geschäftskonten verfügen. Es gibt auch »Geldlöcher«. Wenn Sie z. B. ein Darlehen aufgenommen haben, dann haben Sie Schulden. Dieser negative Geldtopf wird auch auf der Vermögensebene dargestellt.

Eine weitere Vermögensart ist das Anlagevermögen. Es hat einen Wert, man kann es allerdings nicht so schnell in Geld »verflüssigen«. So gesehen ist das Geld in den Vermögensgegenständen des Betriebes angelegt.

4.4. Einnahmearten und Ausgabearten

Im Kontenrahmen legen Sie fest, welche Einnahmearten und welche Ausgabearten Sie erfassen möchten. Es gibt standardisierte Kontenrahmen, die bereits steuerliche Sachverhalte mit berücksichtigen. Der DATEV-Kontenrahmen ist z. B. ein solcher. Sie sind prinzipiell nicht an diese Standards gebunden und können Ihren eigenen Kontenrahmen aufstellen.

Ausgabearten

Wenn Sie Ihre Buchführung selbst machen möchten, ist es sinnvoll, wenn Sie sich jetzt ein Stück Papier nehmen und einfach mal aufschreiben, welche Ausgabearten Ihnen in den Sinn kommen, die bei Ihnen auftauchen.

Einnahmearten

Bei den Betriebseinnahmen können Sie ebenfalls verschiedene Einnahmearten erfassen. Eine thematische Unterscheidung ist sinnvoll – eine Unterscheidung nach Bar-Einnahmen und Bankeinnahmen hat keine Aussagekraft. Die thematisch sortierten Einnahmen können Sie auch in der Buchhaltung hervorheben.
Bei jedem Betrieb und jeder selbständigen Tätigkeit sind die Einnahmearten verschieden.

Angenommen, Sie sind Heilpraktikerin und unterrichten auch. Dann ist folgende Unterteilung sinnvoll:

- Einnahmen aus Behandlungen
- Einnahmen aus Unterricht

Für die Buchführung mit der Hand bzw. das Sammeln von Belegen reicht es aus, wenn Sie Wörter benutzen, die Ihnen verständlich sind. Ein Buchführungskonto, dessen Inhalt Sie nicht erfassen können, z. B. »Aval«, werden Sie gar nicht oder kaum benutzen.

Wie sieht Ihre Unterteilung aus?
Das ist dann Ihr Kontenplan. Im Anhang finden Sie ein Beispiel.
Bei der EDV-Buchführung bekommt jedes Buchführungskonto eine Nummer. Die Nummern kommen meist aus einem Standardkontenrahmen und folgen auch einer gewissen Ordnung. So gibt es den Sachkontenrahmen 03 (SKR 03). Vermögenskonten beginnen mit 0, Geldkonten mit 1, Warenkonten mit 3, Betriebsausgaben mit 4, Einnahmen mit 8.
In der folgenden Liste finden Sie eine Auswahl von Konten:

Kto. Nr.	Kontenbezeichnung
0320	Pkw
0410	Geschäftsausstattung (BGA)
0480	Geringwertige Wirtschaftsgüter
0485	Wirtschaftsgüter größer 150,– bis 1.000,– € (Sammelposten)
0550	Darlehen
1000	Kasse
1100	Postbank
1200	Bank
1360	Geldtransit
3000	Materialaufwand Roh-, Hilfs-, Betriebsstoffe
3100	Fremdleistungen
4100	Löhne und Gehälter
4130	Gesetzliche soziale Aufwendungen
4140	Freiwillige soziale Aufwendungen, lohnsteuerfrei
4210	Miete
4230	Heizung
4240	Gas, Strom, Wasser
4250	Reinigung

4530	Laufende Kfz-Betriebskosten
4600	Werbekosten
4640	Repräsentationskosten
4650	Bewirtungskosten
4830	Abschreibungen auf Sachanlagen
4855	Sofortabschreibungen geringwertiger Wirtschaftsgüter
4862	Abschreibungen auf Sammelposten
4910	Porto
4920	Telefon
4930	Bürobedarf
4940	Zeitschriften, Bücher
4945	Fortbildungskosten
4950	Rechts- und Beratungskosten
4970	Nebenkosten des Geldverkehrs
8200	Erlöse Ertrag
8800	Erlöse aus Sachanlageverkauf
8900	Unentgeltliche Wertabgaben

5. Belege

Ein Beleg ist der schriftliche Nachweis für einen Geschäftsvorfall. Ein Beleg ist ein Stück Papier, auf dem Geschäftsvorfälle nachgewiesen werden: also Quittungen, Rechnungen, Kassenzettel, Reisekostenabrechnungen, Mietvertrag, Lohnabrechnungen usw. Also die kleinste materielle Einheit in der Buchführung. Die Bankkontoauszüge gehören ebenfalls zu den Belegen, sie sind lediglich der Zahlungsnachweis und nicht der Beleg zum Nachweis eines Geschäftsvorfalls. Ein Geschäftsvorfall ist ein betriebliches Ereignis finanzieller Art, das sich auf das betriebliche Vermögen oder die Wirtschaftlichkeit auswirkt.

5.1. Aufbewahrung von Belegen

Belege sind Teil unseres Alltags und haben die lästige Neigung, sich unheimlich schnell zu verflüchtigen oder in Schuhkartons zu geraten. Die meisten haben eher unangenehme Erinnerungen an das »letzte Mal«, als sie diesen Berg an Belegen sortiert haben.
Wie Sie diese Arbeit effektiver und zufriedenstellender erledigen können, erfahren Sie im folgenden Kapitel über die Ablage.
Im Zweifel gilt immer die kleine feine Regel: **Lochen und Abheften!**

Belege, Bücher und Abschlüsse müssen Sie zehn Jahre lang aufbewahren. Geschäftsbriefe sechs Jahre. Zu den Belegen gehören Bankkontoauszüge, Eingangsrechnungen (Original), Ausgangsrechnungen (Doppelausfertigung), Gehaltsabrechnungen, Reiskostenabrechnungen. Auch der Geschäftskalender oder überhaupt der Kalender gehört zu den aufbewahrungspflichtigen Unterlagen. Viele Buchungen werden dadurch nachvollziehbar.
Bei manchen reicht der Kalender auch als Einnahmebeleg. Angenommen, Sie bieten kosmetische Behandlungen an und schreiben sich neben den Termin die Einnahmen. Fertig ist Ihr Einnahmebeleg.

Heutzutage kann ein Beleg auch elektronisch vorliegen. Dann benötigen Sie das technische Know-how, um diesen Beleg unveränderbar zehn Jahre lang aufzubewahren und jederzeit lesbar zu halten.

Für die technisch Unversierten unter uns ist es einfacher, auf die Papiervariante zurückzugreifen. Das ist Materie, die wir beherrschen, und wir wissen, wo etwas abgelegt ist, sofern es gut beschriftet ist. Die Vernichtung von Papier durch Feuer oder Wasser kommt auch nicht allzu häufig vor. Dahingeschiedene Festplatten oder nicht gesicherte Daten kennen wir alle wesentlich besser. Außerdem sind Schrift und Papier jederzeit lesbar. Wenn Sie daran denken, welche Programme Sie vor zehn Jahren benutzt, wie oft Sie Ihren PC gewechselt und wie viele Betriebssysteme Sie schon miterlebt haben: Welche Daten könnten Sie heute noch lesbar machen? Word und Excel-Dokumente vielleicht noch. Haben Sie aber ein spezielleres EDV-Programm benutzt, wird die Sache schon schwieriger.

Der sicherste und einfachste Weg ist immer noch das Papier, auch wenn ökologische Aspekte dagegen sprechen mögen. Wenn Sie Rechnungen am PC erstellen, drucken Sie diese im Original für Ihre Kundschaft und einmal für Ihre Unterlagen aus (kennzeichnen Sie sie als Kopie oder benutzen gleich ein Schmierblatt).

Für den Vorsteuerabzug kann auch eine elektronische Rechnung vorliegen, allerdings müssen Sie diese auf einem nicht wiederbeschreibbaren Datenträger derart speichern, dass eine nachträgliche Änderung nicht möglich ist. Auch hier gelten die Bedingungen der Lesbarkeit und Unveränderbarkeit. Sie sollten die Rechnung außerdem ausgedruckt in Ihren Unterlagen haben, und ein sogenannter innerbetrieblicher Prüfpfad muss nachgewiesen werden.
Dies erscheint immer noch ziemlich umständlich, und doch stellt es zu den ursprünglichen Regelungen schon eine Vereinfachung dar!
Im Zweifel greifen Sie also auf das gute alte Papier zurück und versenden Originale. Vielleicht sind Sie bald eine Exotin, die ihre Kundschaft zu überraschen weiß! Eine kleine Aufmerksamkeit hat in solch einem Brief immer Platz.

5.2. Angaben auf Ihren Rechnungen

Diese Liste stammt überwiegend aus dem Umsatzsteuergesetz. Sie können sie verwenden, um die Angaben auf Ihrer Rechnung zu überprüfen und falls erforderlich zu ergänzen.

- Vollständiger Name und vollständige Anschrift Ihres Unternehmens
- Vollständiger Name und vollständige Anschrift der Kundin
- Ausstellungsdatum
- Zeitpunkt der Lieferung von Waren oder der Leistung
- Menge und Bezeichnung der Waren oder Dienstleistungen
- Auf die Nettobeträge anzuwendender Steuersatz (z. B. 19 %, 7 %, 0 %)
- Nach Umsatzsteuersätzen aufgeschlüsselte Nettobeträge, die darauf entfallenden Umsatzsteuerbeträge, die jeweiligen Bruttobeträge und der Gesamtrechnungsbetrag. Rechnungen von UnternehmerInnen, die von der Umsatzsteuer befreit sind, müssen einen Hinweis auf den Grund der Umsatzsteuerbefreiung enthalten (»Der Rechnungsbetrag ist umsatzsteuerfrei nach § … UStG.« z. B. nach § 4 Nr. 14a UStG für Heilpraktikerinnen oder nach § 19 UStG für Kleinunternehmerinnen oder nach § 13b UStG für Bauleistungen zwischen Bauunternehmen).
- Angabe der vom Finanzamt erteilten Steuernummer oder der USt-Identifikationsnummer
- Fortlaufende, unverwechselbare Rechnungsnummer
- Den Hinweis: »Diese Rechnung ist zwei Jahre lang aufzubewahren« nur bei Rechnungen an Privatpersonen, die Lieferungen und/oder Leistungen in Zusammenhang mit einem Grundstück erhalten haben wie z. B. Bauleistungen, Reparaturen, Reinigung, Garten etc.

Die fortlaufende Rechnungsnummer ist ein Ordnungsmerkmal, das bei einer Prüfung durch das Finanzamt wichtig wird. Wenn Sie diese Nummer in der Buchführung nicht weiterverwenden, finden Sie Ihre Belege trotzdem schnell, wenn Sie prägnante Texte im Buchungstext verwenden. Für manche kann das Aufschreiben der Rechnungsnummern sinnvoll sein, weil Sie dadurch mehr Kontrolle und Übersicht haben.

Die Suche fällt umso leichter, je besser die Belege abgeheftet sind und sich nicht mehr in einem Schuhkarton oder einer Prospekthülle befinden.

Wenn Sie die Buchführung selbst übernehmen, haben Sie das allein in der Hand und bestimmen auch den Inhalt Ihrer Buchungstexte.

5.3. Der Zwischenordner

Für die Verwaltung offener Zahlungen empfiehlt sich ein Zwischenordner (siehe Grafik nächste Seite). Das ist ein Ordner, der unabhängig vom Zeitraum stets in Benutzung ist. Der Zwischenordner sollte folgende Abtrennungen enthalten:

- Offene Rechnungen an KundInnen
- Bezahlte Rechnungen (Ohne Kontoauszug)
- Rechnungen zu überweisen
- Eventuell Rubrik: Mahnungen
- Eventuell noch Rubrik: Bestellungen

Sie können darin alle offenen Zahlungsvorgänge verwalten, erhaltene und geschriebene Rechnungen abheften. So haben Sie einen bequemen Überblick über Ihre Forderungen und Verbindlichkeiten. An wen Sie Mahnungen schreiben müssen, können Sie auch schnell überblicken.
Wenn Sie das Gefühl haben, Sie verlieren den Überblick, werden zu oft selbst gemahnt oder suchen zu oft nach Ihren Rechnungen, richten Sie sich dieses System ein. Es ist sehr zuverlässig und verschafft Ihnen eine gute Organisation bis in sehr hohe Vorgänge/Umsatzzahlen hinein.

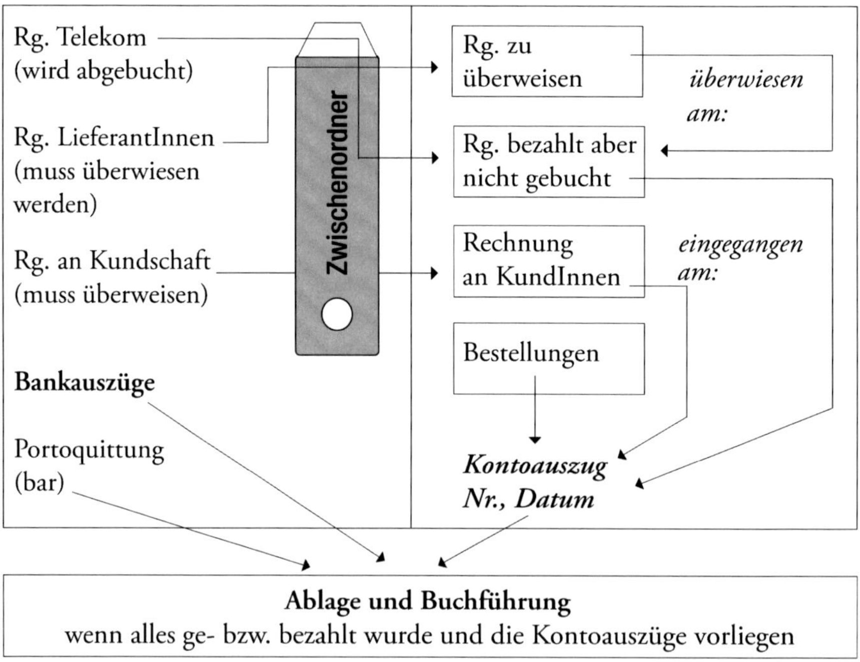

Sind alle Zahlungsvorgänge abgeschlossen und Ihnen liegt der Kontoauszug vor, dann heften Sie die Belege aus dem Zwischenordner aus und notieren Sie auf den entsprechenden Beleg das Zahlungsdatum (=Buchungsdatum) sowie die Kontoauszugs- und Seitennummer. Das erleichtert die Buchführung, die Suche und die Nachvollziehbarkeit.
Für Barbelege, d. h. Quittungen, Kassenzettel über Geschäftsvorfälle, die Sie bar abgewickelt haben oder die aus dem Geldtopf »PRIVAT« bezahlt wurden, gilt: LOCHEN UND ABHEFTEN!

Vielleicht geht es Ihnen auch so, dass Ihr Portemonnaie nach einer gewissen Zeit voller Quittungen ist und Sie kaum noch Ihr Geld finden. Setzen Sie sich an Ihren Schreibtisch, leeren Sie das Portemonnaie und sortieren Sie alles zunächst in zwei Stapeln: BETRIEBLICHE und PRIVATE Quittungen. Was immer Sie mit Ihren privaten Quittungen tun, die betrieblichen Belege werden jetzt sofort abgeheftet und kommen so in die Ordner (siehe zur »Ablage« Abschnitt 6), dass Sie nie wieder umgeheftet werden müssen. Am besten legen Sie keinen Zwischenschritt über Schuhkartons oder Schubladen ein. Wenn Sie diese leeren und sortieren müssen, wird es nur noch schwerer und Sie werden vor dem Berg Arbeit zurückschrecken, so dass Sie diese unliebsame Arbeit immer noch weiter aufschieben. Vielleicht ist das jetzt der richtige Moment für Sie, sich von Ihrem Schuhkarton zu verabschieden … geben Sie ihm doch eine neue Aufgabe!

5.4. Kleinstbeträge sicher verwalten

Wenn Sie später mit der Buchführung vertraut sind, fragen Sie sich irgendwann vermutlich zu Recht: Muss ich jede Quittung einzeln buchen? Jedes Mal stupide 1,10 € oder 4,10 € verbuchen? Ist das im Sinne des Erfinders? Nun ja, wenn Sie lange Meditationen dieser Art lieben und es Sie nicht weiter stört, dann verbuchen Sie Beleg für Beleg.
Sind Sie keine Freundin derartiger Buchungen, dann sollen sie aber auch nicht dazu verleitet werden, solche Belege einfach wegzulassen. Sie können Belege, die gleiche oder ähnliche Ausgaben bzw. Einnahmen eines Monats oder Quartals enthalten, auf ein oder mehrere A4-Blätter kleben, die Blätter zusammenheften und auf das oberste Blatt die Summe schreiben. Als Buchungsdatum empfiehlt sich dann der 30. bzw. 31. des Monats bzw. der letzte Tag des Quartals.

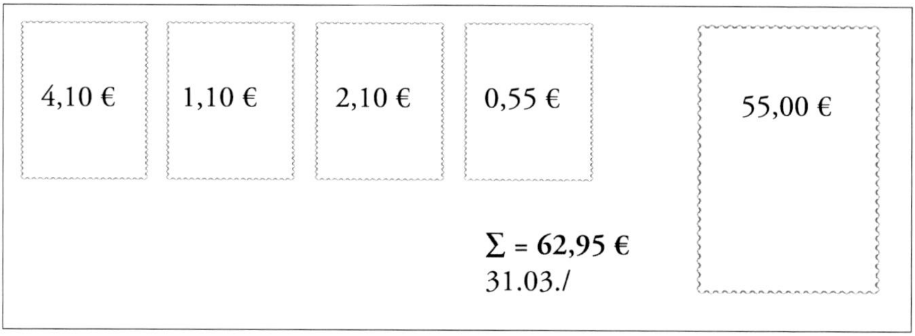

Bei dieser Methode müssen Sie differenzierter vorgehen, wenn Sie umsatzsteuerpflichtig und vorsteuerabzugsberechtigt sind. Dann sollten Sie bei der Zusammenfassung darauf achten, dass Sie nur solche Belege zusammenfassen, die den gleichen Mehrwertsteuersatz enthalten.

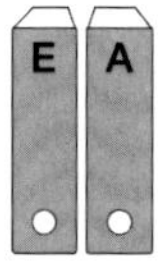

6. Ablage der Belege

Alle Belege werden endgültig abgeheftet. Zum einen wird dadurch die Buchführung vorbereitet, zum anderen werden die Belege für die Zwecke der Archivierung (zehn Jahre) abgeheftet und in der Regel nicht mehr benötigt. Das ist der Ort, an dem sich »Dritte schnell einen Überblick verschaffen« können. Hierbei ist wieder wichtig, dass Sie sich so wenig Arbeit wie möglich machen und alles trotzdem übersichtlich bleibt.

Die Belege sollen erst dann in die Ablage abgeheftet werden, wenn alle Zahlungsflüsse abgeschlossen sind, d. h. wenn alle Abbuchungen und Überweisungen vorgenommen wurden und wenn Ihre Kundschaft bezahlt hat.

6.1. Die zwei Ablagesysteme

Es gibt zwei grundsätzlich verschiedene Möglichkeiten, die Belege abzuheften. Die Art und Weise der Ablage richtet sich nach der Art Ihrer Buchführung.

Unabhängig davon, welches Ablagesystem Sie benutzen: Sortieren Sie die Belege immer chronologisch von unten nach oben. Der älteste Beleg liegt unten, der jüngste liegt oben. Dahinter steckt die ökonomische Idee, dass Materie, die nicht mehr benötigt wird auch nicht unnötig bewegt werden soll. Sie brauchen auch nicht nach dem Ende suchen: Das liegt immer oben. Bei der Ablage nach Geldfluss wird das besonders anschaulich und spürbar.

6.1.1. Ablage nach Einnahme- und Ausgabearten

Machen Sie die Buchführung per Hand, d. h. mit Zettel und Stift oder rechnen Sie gar am Jahresende nur die Posten zusammen, dann eignet sich dafür die Ablage nach Einnahmen- und Ausgabenarten besonders gut. Die Kontoauszüge werden davon getrennt abgeheftet.

Ablage nach Einnahmen und Ausgaben

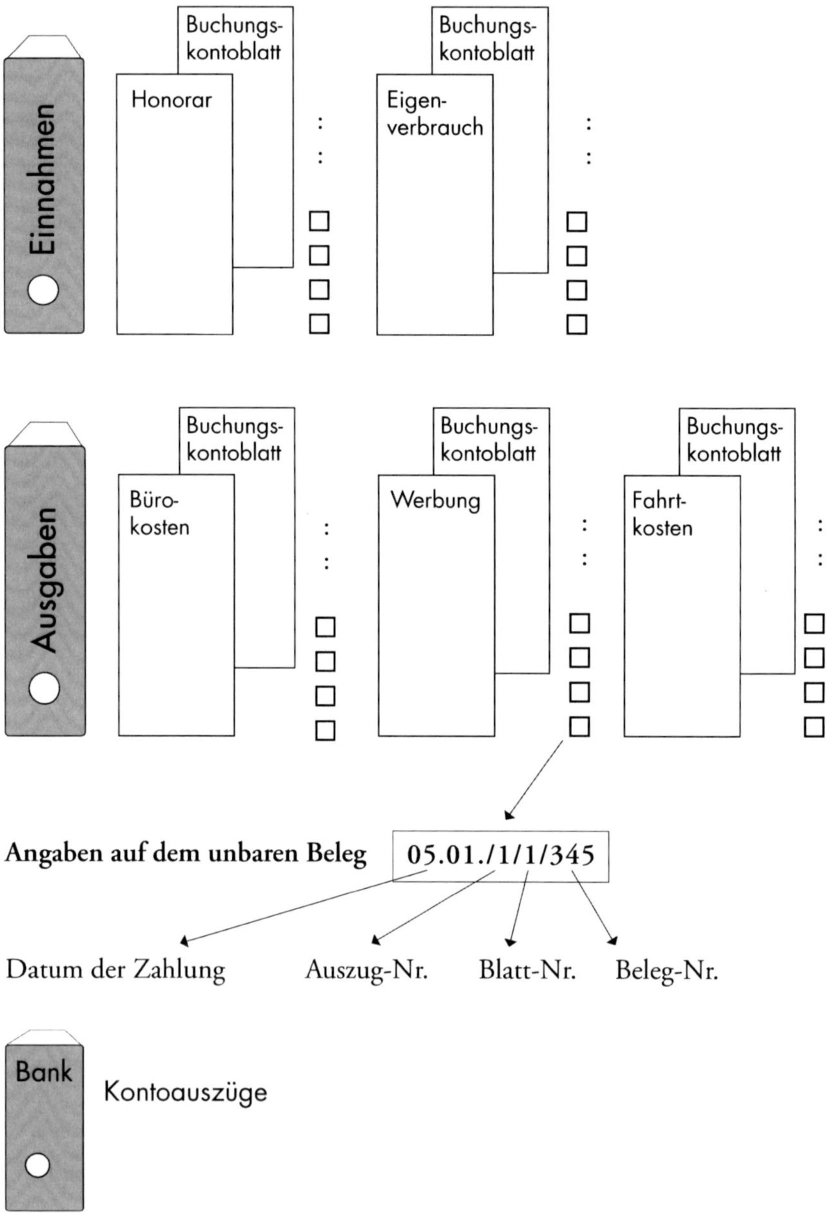

6.1.2. Ablage nach Geldfluss (Bank und Kasse/Privat)

Geben Sie oder jemand anders die Belege in ein EDV-Buchführungssystem ein, dann sind Sie mit der rein chronologischen Ablage nach Geldfluss und Geldtopf gut bedient. Die Belege werden nach Bank und Kasse/Privat (bzw. Nicht-Bank) sortiert. Das EDV-Programm übernimmt bei der Buchung die Einsortierung in Einnahme- und Ausgabearten (Kontenplan). Sie brauchen einen Ordner für die Auswertungen Buchungsjournal (Datensicherung!), Einnahmenüberschussrechnung und ggf. die Umsatzsteuervoranmeldungen.

Ablage nach Bank und bar

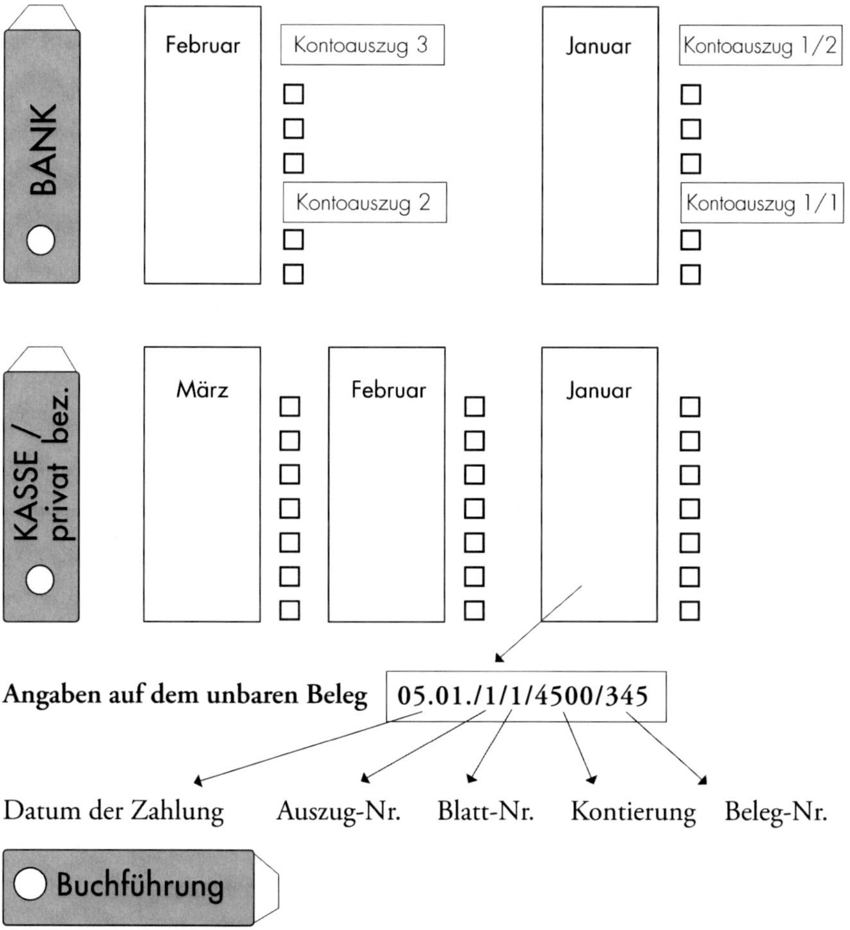

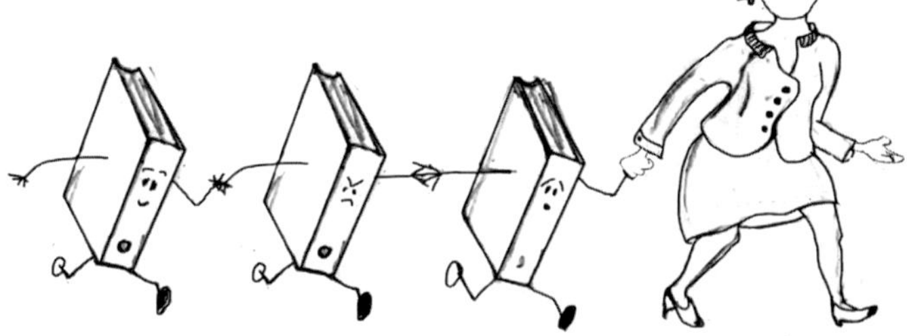

„Von der Quittung zur Einkommensteuer"

Einfache Buchführung für FreiberuflerInnen und Kleingewerbetreibende

Mit den ersten Einnahmen und Ausgaben beginnt für Selbständige die Ära der Buchführung. Ob gerade erst gegründet oder schon eine geraume Zeit am Markt: Themen wie die Handhabung bestimmter Ausgaben, die Sicherheit über das „Richtig-Machen" und das „Selbst-Machen" tauchen immer wieder auf. Oft gehören diese UnternehmerInnenpflichten nicht zu den großen Leidenschaften. In diesem Seminar wird Wissen über Buchführung – ob nun mit Papier und Stift oder mit dem PC – praxisnah vermittelt und aufgefrischt.

THEMEN:

- Grundlagen, gesetzliche Bestimmungen und steuerrechtliche Vorschriften
- „kritische" Betriebsausgaben wie z.B.: Das Kfz im Betrieb und die Verbuchung der Privatfahrten, das Buchen von Abschreibungen für Anschaffungen
- Notwendige Angaben auf Rechnungen und Quittungen
- Papier- & Zettelflut zähmen: Belege sortieren und ablegen
- Informationen zur Umsatzsteuer und Gewerbesteuer
- Jahresabschluss und dessen Eintragung in die Einkommensteuererklärung

Referentin: Franziska Bessau, Steuerberaterin

JENA **19. – 21.09.2014**

Zielgruppe: Frauen

Teilnahmegebühr: 100,- €

Ort: Frauenzentrum TOWANDA

Anmeldung und Infos: towanda_jena@web.de

Dresden **08. – 09.11.2014**

Zielgruppe: Yogalehrende u.a. Selbständige

Gebühr: 160,- € (incl. Mittag)

Ort: Yogaschule Dresden

Anmeldung und Infos: info@yogadresden.de

FRANZISKA BESSAU

EINFACHE BUCHFÜHRUNG FÜR SELBSTÄNDIGE

EIN GRUNDLAGENBUCH, DAS SPASS MACHT

Sie sind KleinunternehmerIn oder FreiberuflerIn, und Sie lieben Ihren Job – bis auf den lästigen Papierkram? Sie möchten nie wieder unvorbereitet von der Umsatzsteuer überrascht werden? Dann ist dieses Buch genau das, was Sie brauchen!

Was ist eine Einnahmenüberschussrechnung? Wie sortiere ich meine Belege? Wie verbuche ich ein Darlehen? Wie und wann muss ich die Umsatzsteuer anmelden? Diese Fragen beantworten zu können, ist für jede Unternehmerin Gold wert, selbst wenn sie ihre Selbständigkeit „nur nebenbei" betreibt. Zu verstehen, worum es in der Buchführung geht, ist noch im kleinsten Betrieb ein Muss. Ob Sie sich die Steuererklärung abnehmen lassen oder nicht – Sie selbst sind es, die im Zweifelsfall Rechenschaft abzulegen hat. Sie sollten, wenn auch nicht alle Antworten, doch zumindest die richtigen Fragen kennen.

Franziska Bessau verschafft Ihnen den Überblick. Aus ihrer langjährigen Praxis als Steuerberaterin präsentiert sie die Grundbegriffe der Buchführung verständlich und auf den Punkt, erläutert die wichtigsten gesetzlichen Regelungen und gibt überlebensnotwendige Hinweise zum Umgang mit der Finanzbehörde. Flott und unbürokratisch erfahren Sie, wie Sie sich von der Quittungssammlung im Schuhkarton endgültig verabschieden und ein funktionierendes Ordnungssystem aufbauen, das Sie selbst in der Hand haben.

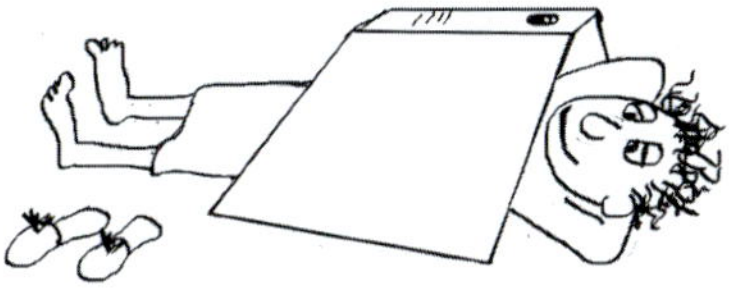

7. Buchführung
7.1. Was Buchführung ist und was sie kann

Buchführung heißt, die Geschäftsvorfälle des Betriebes in einer geordneten Form aufzuschreiben. Die Buchführung ist eine komprimierte Zusammenfassung aller Belege. Sie liefert Ihnen Auswertungen über das wirtschaftliche Wohl oder Weh Ihres Betriebes.

Die Buchführung schaut zurück und kann Ihnen wirtschaftliche Anhaltspunkte über die Vergangenheit liefern. Oftmals bestätigen die Buchführung und die Einnahmenüberschussrechnung Ihren gefühlten Gewinn bzw. Verlust. Sofern Sie keine Darlehen im Betrieb und keine Warenbestände haben, ist es oftmals so, dass Sie durch Ihren Kontostand und durch die Höhe Ihrer Privatentnahmen den Gewinn intuitiv schon wahrgenommen haben.
Nun würde ich Ihnen niemals dazu raten, Ihren wirtschaftlichen Gewinn zu fühlen. Wenn Sie die Zahlen nüchtern feststellen, wird Ihr Gefühl entweder bestätigt oder es gibt einen anderen Grund, weshalb Sie sich wohlhabender oder ärmer fühlen.

Wer in die Zukunft schaut, Neues ausprobieren möchte und planen will, kann die Ergebnisse aus der Buchführung als Kalkulationsgrundlage nehmen, kann Kennzahlen bilden und eine Vision von der wirtschaftlichen Zukunft und einen Maßnahmenplan entwerfen.
Es gibt immer wieder Menschen, die Gefallen an der Buchführung finden. So auch Johann Wolfgang von Goethe: »Welchen Vorteil gewährt die doppelte Buchhaltung dem Kaufmanne. Es ist eine der schönsten Erfindungen des menschlichen Geistes! Leider siehst Du nicht mein Freund, wie Form und Sache hier nur eins ist, eins ohne das andere nicht bestehen könnte. Ordnung und Klarheit vermehrt die Lust, zu sparen u n d zu erwerben.«

Es gibt keine besonderen Formvorschriften für die einfache Buchführung. Das klingt ein wenig nach: Alles ist erlaubt. Prinzipiell ist es das auch. Sogar die Belege im Schuhkarton. Damit Sie sich aber im Zweifel Sucherei, Arbeit und Ärger sparen, gibt es drei Grundsätze, von denen Sie sich leiten lassen können:

1. Dritte sollten sich innerhalb kurzer Zeit einen Überblick verschaffen können.
2. Die Grundlagen ordnungsgemäßer Buchführung (siehe Kapitel 3). sollten in ihren Grundzügen befolgt werden. Dazu gehört z. B. die Klarheit der Buchführung: keine Buchung ohne Beleg, keine Doppelbelegung von Geschäftsvorfällen.
3. Auch die äußere Ordnung kann groß, farbig und beschriftet sein (z. B. beschriftete und geschnittene Trennblätter).

Zur Klarheit einer Buchführung gehört eine geordnete Ablage der Belege (siehe auch voriges Kapitel), die Sie sehr gut durch LOCHEN und ABHEFTEN erreichen können.

Der nächste Schritt, der auf die geordnete Ablage folgt, ist das Aufschreiben der Belege in einer organisierten Form: Das ist die Buchführung (früher wurde das tatsächlich handschriftlich in gebundene Bücher eingetragen).
Nichtsdestotrotz ist es sehr erleichternd, wenn Sie sich die Arbeit für die Buchführung so einfach und übersichtlich wie möglich machen.

7.2. Die Buchführung einrichten (Buchführung per Hand)

1.) Nehmen Sie sich Ihren **Kontenplan** vor. Überprüfen Sie Ihre Buchungskonten darauf, ob Sie alles erfasst haben und ob die Anzahl der Buchungskonten sinnvoll ist. Bei der Buchführung per Hand ist eine Reduzierung auf das notwendige Maß sinnvoll, damit Sie sich im wahrsten Sinne des Wortes nicht verzetteln.
Mit weniger als zehn Rubriken (Buchungskonten) werden Sie kaum auskommen. Es sollten aber auch nicht mehr als 20 sein.

2.) Wenn Sie Ihren Kontenplan vor sich liegen haben, dann richten Sie für jedes Konto (z. B. Bürokosten) ein **Buchführungsblatt** ein und schreiben das Buchungskonto (z. B. Bürokosten) als Überschrift drauf.

3.) Legen Sie vor dieses Buchführungsblatt ein **Trennblatt** und beschriften Sie dieses ebenfalls mit dem Buchungskonto (z. B. Bürokosten). So erhalten Sie ein systematisches Werk, wie im Abschnitt 6.2.1 beschrieben.

Eine Vorlage für Buchungskonten finden Sie im Anhang. Ebenso befindet sich im Anhang die Musterbuchführung für die Beispiele, die im Buch aufgeführt sind.
Verwenden Sie am besten einen schmalen Ordner für die Einnahmen und einen ggf. breiten für die Ausgaben. Richten Sie sich für jedes Jahr neue Ordner ein.

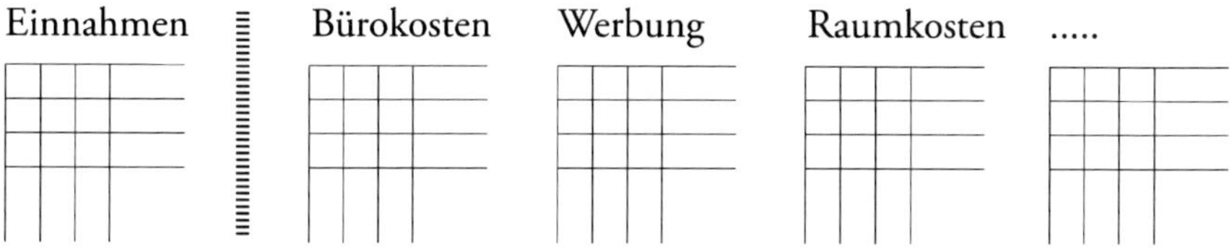

7.3. Belege abheften

Jetzt geht es darum, die Belege einzusortieren (Lochen und Abheften) und diese Belege komprimiert in die Buchungskontenblätter einzutragen (siehe Punkt 7.2.). Sie heften die Belege, die z. B. Bürokosten enthalten, in das Buchungskonto »Bürokosten«.
Wenn das Geld über Ihr Bankkonto geflossen ist, schreiben Sie das Buchungsdatum, die Nummer und die Seite des Bankauszuges auf den Beleg und in das Buchungskonto (siehe 7.3.2). Auf Barbelegen steht das Datum bereits zu lesen. Falls Sie das Datum deutlich hervorheben wollen, markieren Sie es ruhig. Achten Sie drauf, dass Sie bei Thermobelegen keine Marker benutzen. Die enthaltenen Lösemittel und Weichmacher (das gilt auch für Klebstoffe), lösen die Schrift auf und der Beleg wird beschädigt, schlimmstenfalls zunichte gemacht.

7.4. Das geordnete Aufschreiben von Belegen – eine Tabelle

Ordnung erfüllt sich dort, wo es Struktur gibt. Für eine Struktur des geordneten Aufschreibens eignet sich die gemeine Tabelle. Manchmal sind mehrere Tabellen notwendig.

7.4.1. Papier oder EDV

Es gibt zwei grundlegende Möglichkeiten, wie Sie Ihre Tabelle anlegen. Sie können die Buchführung klassisch mit Zettel und Stift (Papier) oder mit einem PC/ Mac und einem EDV-Buchführungsprogramm in Angriff nehmen.

Beide Buchführungsformen sind möglich, allerdings kommt es am Ende (unabhängig von Ihren Vorlieben) auf den Umfang der Belege, der Buchführung und auf eine evtl. bestehende Umsatzsteuerpflicht an.
Für das grundlegende Verständnis führe ich hier die Buchführung mit Zettel und Stift vor und gehe auf die EDV-Buchführung am Rande ein.

A. Buchführung mit Zettel und Stift
Die Buchführung per Hand eignet sich, wenn Sie nicht umsatzsteuerpflichtig sind, wenn die Zahl der Belege überschaubar ist, Sie ein »Händchen« dafür haben oder der Computer eher ein ungeliebtes Wesen für Sie ist. Manches Belegaufkommen ist so gering, dass es sich kaum lohnen würde, den Computer dafür anzuschalten.

Buchführung mit einem Tabellen-Programm
Auch Computer-Tabellen, Excel & Co. haben zweifellos ihre Vorzüge.
Mit Excel und anderen Tabellenkalkulationsprogrammen lassen sich wunderbar Tabellen erstellen. Auch die Buchführung können Sie in dieser Form anlegen.

Weniger praktikabel – und deshalb auch begrenzt – ist die Flüssigkeit, mit der Sie in Excel schreiben und in der passenden nächsten Zelle landen können. Ein weiteres Problem sind die Formeln, mit denen Excel sehr präzise rechnet. Diese dürfen keine Fehler enthalten, und Sie müssen alle Felder erfassen. Eine Buchführung mit einem Tabellenkalkulationsprogramm kann fehleranfälliger sein und teilweise länger dauern als die Methode »Zettel und Stift«. Es kann sein, dass es für Sie eine größere Hürde ist, den PC anzuwerfen, als sich den Ordner mit den Belegen vorzulegen. Wenn Sie ohnehin viel mit dem PC arbeiten, kann Excel oder ein richtiges Buchführungsprogramm die richtige Wahl sein. Probieren Sie am besten aus, was zu Ihnen passt.

B. Buchführung mit PC/Mac
Die Buchführung mit einem Computer und einem entsprechenden EDV-Buchführungsprogramm zu schreiben, ist sinnvoll, wenn Sie umsatzsteuerpflichtig sind. In diesem Fall brauchen Sie immer drei Beträge: den Nettobetrag, die Mehrwertsteuer (Umsatzsteuer) und den Bruttobetrag. Das kann in einer Handbuchführung zu umfangreichen Schreibarbeiten führen.

7.4.2. Die Tabellenspalten

Belege in komprimierter Form aufzuschreiben, heißt folgende Fragen knapp und sinnvoll zu beantworten:

Wann?	Datum	26.03.2012	27.03.2012
Was, wer?	Buchungstext	Post, Porto	Büromaterial
Wie viel?	Betrag	145 €	119 €
Wohin?	Buchungskonto	Bürokosten	Bürokosten
Wo?	Geldfluss	Privateinlage	Bank

Für dieses Aufschreiben eignet sich eine Tabelle in ungefähr dieser Form:

Beleg-Nr.	Datum	Geldfluss	Buchungstext	Betrag	kumuliert
1	26.03.2012	Privat	Post, Porto	145,00 €	145,00 €
2	27.03.2012	5/1	Büromaterial	119,00 €	264,00 €

Die Spalte »kumuliert« ist für die Buchführung nicht vorgeschrieben, sie liefert aber auf einen Blick eine sehr wertvolle Information. In dieser Spalte werden alle bis dahin eingetragenen Beträge aufaddiert (kumuliert), und Sie erhalten die bis zu diesem Zeitpunkt angefallenen Kosten (z. B. Bürokosten) bzw. Einnahmen. Das hängt vom jeweiligen Buchungskonto ab.

7.4.3. Mit Mehrwertsteuer buchen

Buchungskonto: Bürokosten

Beleg-Nr.	Datum	Geldfluss	Buchungstext	Bruttobetrag	VoSt	Nettobetrag	kumuliert Netto
1	26.03.12	Privat	Post, Porto	145,00 €	0,00 €	145,00 €	145,00 €
2	27.03.12	5/1	Büromaterial	119,00 €	19,00 €	100,00 €	245,00 €

Sie sehen, dass auch die Buchführung mit Zettel und Stift bei Mehrwertsteuerbuchungen funktioniert.

Für Sie bringt es wenig, wenn Sie Ihre Buchführung anhand der Rechnungsnummern führen. Der offensichtliche Informationsgehalt ist der Name der Kund_in und ggf. eine Zeitangabe. Wir können mit dem Buchungstext: »Sieglinde Schmitz, November« im Gehirn mehr anfangen als nur mit »Rg 2012-123«. Wir können mit diesem Buchungstext sofort feststellen, ob Frau Schmitz ihre Kursstunde wohl im November bezahlt hat. Haben wir nur die Rechnungsnummer müssen wir uns durch die Belege und Kontoauszüge wühlen, bis wir auf Frau

Schmitz‘ Namen treffen. Das brauchen Sie nicht, wenn Sie Buchführung auch als Ordnungssystem verstehen, in dem Beschriftungen Ihnen so viele Hinweise wie möglich geben. Wenn es notwendig ist, den Beleg ausfindig zu machen (z. B. um festzustellen, ob Sie Frau Schmitz schon einen Beleg ausgestellt haben oder nicht), brauchen Sie nur noch einen sehr überschaubaren Belegstapel zu durchsuchen.

Ein System, in dem Sie auch mit den Rechnungsnummern arbeiten, ist dann sinnvoll, wenn Sie die Buchhaltung nicht selbst machen, die Belege auch mal außerhalb des Hauses sind oder wenn es Ihnen viel Sicherheit vermittelt. Die Kombination aus beiden Merkmalen ist auch denkbar, z. B. Rg. 2013–123, Fr. Schmitz, Köln

7.4.4. Das Buchungsdatum

Bei der einfachen Buchführung wird ein Geschäftsvorfall mit dem Datum aufgeschrieben, an dem das Geld dafür geflossen ist. Findet ein Geldfluss nicht statt, wird auch nicht gebucht. Das ist besonders wichtig bei Rechnungen, die Sie z. B. noch im alten Jahr geschrieben haben, die Kundin aber erst im neuen Jahr bezahlt.

Es gibt wiederum keine Regel ohne Ausnahme: Für den Jahreswechsel gilt der § 11 EStG. Eine regelmäßige Einnahme oder eine regelmäßige Ausgabe wird in dem Jahr gebucht, zu dem es wirtschaftlich gehört, wenn die Zahlung kurz vor oder nach dem Jahreswechsel liegt. Dieser kurze Zeitraum umfasst die Zeit vom 21.12. bis zum 10.01.

Angenommen, Ihre Kundin hat am 24. Dezember den Kursbeitrag für Januar auf Ihr Konto gezahlt: Der monatliche Kursbeitrag ist eine regelmäßige Einnahme. Er wurde innerhalb von 10 Tagen vor Ende des Jahres gezahlt und er gehört wirtschaftlich ins nächste Jahr. Diese Einnahme buchen Sie also zum 01.01. ins nächste Jahr.
Am 28. Dezember bezahlen Sie die Miete für Januar. Die Miete ist eine regelmäßige Ausgabe. Sie wurde drei Tage vor Ende des Jahres bezahlt und gehört wirtschaftlich ins nächste Jahr. Diese Ausgabe buchen Sie zum 01.01. ins nächste Jahr.
Am 10. Januar bucht das Finanzamt die Umsatzsteuer für den November des Vorjahres ab. Die Umsatzsteuerzahlung ist eine regelmäßige Ausgabe. Sie wurde zehn Tage nach Ende des Jahres bezahlt und gehört wirtschaftlich in das vorangegangene Jahr. Diese Ausgabe buchen Sie zum 31.12. ins vorangegangene Jahr.

7.5. Buchführung wie oft?

Wenn Sie Ihre Belege regelmäßig abgeheftet haben, dann haben Sie den größten Teil der Arbeit schon geschafft. Die meisten erschrecken vor dem Berg Papier, wenn sie in ihren Schuhkarton schauen und machen dann schnell den Deckel wieder zu. Das brauchen Sie nicht mehr, denn mit der Methode: »Belege nach Buchungskonten abheften«, sind Sie dem Ergebnis näher, als Sie glauben, und ich garantiere Ihnen schon jetzt ein gutes Gefühl.
Wenn Ihr Belegaufkommen überschaubar ist (z. B. ein halber schmaler Ordner im Jahr) würde es ausreichen, wenn Sie die Belege, die in einem Buchungskonto liegen, am Jahresende aufaddieren und mit einem Vorblatt, auf dem Sie die Summe notieren, zusammen heften.
Ist ihr Belegaufkommen größer und Ihr Geschäft komplexer, dann eignet sich ein Monat, ein Quartal oder ein halbes Jahr als Abstand zwischen Ihren Buchführungssitzungen. Für diejenigen, die umsatzsteuerpflichtig sind und Umsatzsteuervoranmeldungen (monatlich oder quartalsweise) abgeben müssen, ist das ein notwendiger und dadurch sinnvoller Rhythmus.
Für alle anderen gibt es verschiedene Möglichkeiten:

- Tragen Sie sich für die Buchführung einen Termin in den Kalender und halten Sie sich dran.
- Sie sind neugierig, wo Sie wirtschaftlich stehen? Erledigen Sie Ihre Buchführung sofort.
- Sie wollen wissen, ob Sie im Folgejahr noch Kleinunternehmer_in sind? Legen Sie die Buchführung auf Juli, September, November.
- Brauchen Sie das Glücksgefühl, das sich einstellt, wenn Sie keine Papierberge mehr sehen? Zeit für die Buchführung.

Es ist wichtig, dass Sie sich bei dieser Arbeit nicht stören lassen und dafür sorgen, dass Sie Ihre Arbeit nicht unterbrechen müssen. Sonst entsteht leicht das Gefühl, für die Buchführung »ewig« zu brauchen, was in der Regel nicht stimmt.

Also: Telefon ausschalten, Kinder beschäftigen, Partner_in instruieren, Tür von innen abschließen, Kerzen anzünden.
So, als wenn wie Sie meditieren wollten.

7.6. Tücken des Alltags

Niemand ist perfekt. Das wissen wir alle. Nichtsdestotrotz gelingt diese Art von Beruhigung im wahren Leben nur mehr oder weniger gut.
Im Bereich Buchführung und Steuern scheint der Perfektionswille ungebrochen und besonders groß, weil oft auch die Angst vor dem Finanzamt im Nacken sitzt. »Ich will doch alles richtig machen«, heißt es dann.
Abgesehen davon, dass wir in Deutschland das wahrscheinlich weltweit kompliziertеste Steuerrecht besitzen, gelingt es selbst Fachleuten kaum, alles richtig zu machen. In einer breit angelegten Studie hat ein Professor aus München es geschafft, das Steuerrecht zu kennen, es richtig auszulegen und anzuwenden!
Wenn Sie jetzt bemerken, wie sorglos Sie Ihren Satz bisher formuliert haben, setzt vielleicht schon etwas Entspannung ein. Die Wahrheit ist schlicht: »Ohne Fehler geht es nicht.«
Denn auch ohne besonders kompliziertes Steuerrecht werden wir von den Tücken des Alltags eingeholt. Als da sind: vergessen, verschusselt, verrechnet, verliebt, verlegt, verschrieben usw. Eselsohren, Kaffee- oder Teeflecken gehören ebenso in diese Rubrik. Sie schleichen sich ein, sie drängen sich auf, sie passieren schlichtweg, ohne dass Sie sie bemerken.
Es gibt Fehler, die bleiben von Ihnen, von mir und von z. B. Steuerprüfer_innen unbemerkt. Fehler, die ein_e Steuerprüfer_in entdeckt, werden korrigiert. Das führt dann entweder (das ist die Regel) zu Steuernachzahlungen oder zu Erstattungen. Wenn ich oder Sie Fehler entdecken, dann können Sie diese problemlos korrigieren. Liegt in diesem Fall bereits einen Steuerbescheid vor, sieht das Steuerrecht durchaus rückwirkend Korrekturmöglichkeiten vor.

Was Ihnen im buchhalterischen Alltag viel öfter begegnen wird: Sie finden im Mai einen Bewirtungsbeleg aus dem Februar. Betriebsausgabe. Die Buchführung (Sie waren fleißig!) haben Sie bereits bis April geschrieben.
Sie brauchen jetzt nicht eine Zeile im Februar dazwischen quetschen. Sie müssen auch die Blätter zwischen Februar und April nicht neu schreiben. Vermerken Sie auf Ihrem wiedergefundenen Beleg: »Gebucht am: 31.05.2012«, heften den Beleg zum 31.05.2012 und schreiben zum 31.05. Ihren Buchungssatz in das Buchführungsblatt. Fertig.

7.7. **Kreativitätstechniken** (aus der Praxis für die Praxis)

Warnung: Für eine Buchführung, in der die »Kasse stimmen« muss, sind die folgenden Vorschläge weniger geeignet.

7.7.1. Die Kuriositätenhülle

Belege, Probleme, die Sie jetzt nicht lösen können, sammeln Sie oder heften Sie unter dem Stichwort »Kuriositäten« ab. Entweder entwickeln Sie im Lauf der Zeit eine Idee dazu, oder Sie widmen sich diesen Problemen später. Rufen Sie eine Freundin an oder vereinbaren Sie mit einer Fachkraft einen Termin, die sicher und schnell eine Antwort darauf weiß.

Falls die Kuriositätenhülle dicker wird als Ihr Belegstapel, haben Sie ein anderes Problem und vielleicht fangen Sie auf Seite 1 wieder an…

7.7.2. Die Schlampendifferenz

In Projekten und selbstorganisierten Gruppen werden Menschen mit den unterschiedlichsten Kompetenzen mit der Kasse betraut. Kassenführung ist kein Buch mit sieben Siegeln. Die Vorgänge in der realen Kasse werden aufgeschrieben. Es gibt einen Bestand, Geld kommt rein, Geld fließt raus (niemals ohne Beleg!), die Kassenfrau rechnet aus, wie viel Geld in der Kasse sein müsste. Sie nimmt sich die Kasse vor und zählt das Geld nach. Ein Buchhaltungs-Ass hat so viel Geld in der Kasse, wie sie ausgerechnet hat.

Aber diese Glücksfälle sind unter den Menschen sehr selten. Und wenn die Kasse an einem Tag stimmt, wird ein anderer Tag kommen, an dem sie nicht mit dem rechnerischen Stand übereinstimmt. Auch da hilft: prüfen, nachrechnen und noch mal zählen. Ist die Differenz immer noch vorhanden und Sie sind mit den Nerven fast am Ende, buchen Sie eine Differenz und erklären Sie diese Ihren Compagneras.

Ich habe bisher nicht erlebt, dass irgendeine aufspringt und sagt, das dürfe nicht passieren. Eher eine, die es gern machen möchte, weil sie glaubt, dass sie das gut kann. Ist die Differenz zu groß – also fehlt Geld in der Kasse – wird es in Gruppenzusammenhängen sicher einen Aufschrei geben. Auch wenn es vorkommen kann, dass jemand in die Kasse gegriffen hat, wird das noch lange nicht der Kassenwartin vorgeworfen.

7.7.3. Entspannungstechniken

Spüren Sie Anspannung, wenn Sie an die Buchführung denken? Sie wollen alles richtig machen, zweifeln an Ihren Fähigkeiten? Wenn eine Blockade irgendeiner Art Sie davon abhält, dieser sehr einfachen Tätigkeit nachzugehen, dann probieren Sie doch einmal Folgendes aus:

1) Durchatmen
2) Einen Spaziergang machen
3) Meditieren
4) Yogaübungen
5) Affirmationen: »Das kann ich.«
6) Ein Glas Wein trinken
7) …

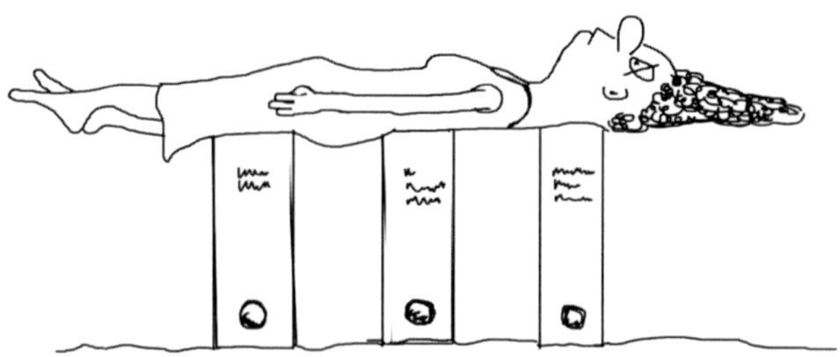

8. Besondere Betriebseinnahmen und -ausgaben

In diesem Kapitel gehe ich auf die wichtigsten Betriebseinnahmen und -ausgaben ein, die in der Buchführung eine Sonderbehandlung bekommen. Entweder, weil die Ausgaben zeitlich verteilt werden oder weil es zu einer Vermischung von Privatem und Betrieblichem kommt.

8.1. Einrichtungsgegenstände von geringerem oder höherem Wert

Einrichtungsgegenstände sind Wirtschaftsgüter, die gebraucht werden (Gebrauchsgegenstände), länger als ein Jahr halten und betrieblich genutzt werden.
Denken Sie z. B. an Ihren Schreibtisch, Ihren PC, Ihre Behandlungsliege. Selbst der Taschenrechner und der Locher mit der Schiene gehören zu den Gebrauchsgegenständen.
Diese Gebrauchsgegenstände sind das Anlagevermögen eines Betriebes und gehören in die Vermögensebene.
Im Gegensatz dazu gibt es Verbrauchsmittel, wie z. B. Ihr Werbe- oder Büromaterial. Selbst, wenn sie dafür 1.000 € bezahlen, es bleiben »normale« Betriebsausgaben, die Sie sofort zu 100 % abziehen können, weil diese verbraucht werden.

Was ist ein »Wirtschaftsgut«?

Wenn Sie sich einen PC mit Zubehör kaufen: PC, Bildschirm, Tastatur, Maus Drucker, dann könnten Sie doch alle Gegenstände einzeln verbuchen oder zusammen, so wie Sie es gerade brauchen? Nein, auch dafür gibt es Regeln.
Ein Wirtschaftsgut ist die Gesamtheit der Einzelteile, die zu einer Funktionseinheit gehören und deren Teile Sie nicht einzeln verwenden können. Demnach gehören zu dem Anlagegut »PC« alle Zubehörteile und -geräte. Selbst, wenn Sie es bei unterschiedlichen Anbietern kaufen: Zusammen ergibt das ein Wirtschaftsgut.
Den Drucker können Sie ohne PC nicht benutzen, die Maus, die Tastatur auch nicht. Das Multifunktionsgerät (Drucker, Kopierer und Fax in einem) ist eine Ausnahme. Sie können es auch unabhängig vom PC benutzen und deshalb können Sie es gesondert verbuchen (ein Wirtschaftsgut).
Sie müssen die Ausgaben für die Einzelteile, die zusammen ein Wirtschaftsgut sind, zusammenrechnen. Die Summe ergibt die Anschaffungskosten.

WICHTIG: Wenn im Folgenden von Netto-Beträgen die Rede ist, dann sind damit die Beträge ohne eine eventuell enthaltene Mehrwertsteuer gemeint. Diese Netto-Größe gilt immer als Entscheidungsgrundlage, welchem Buchungskonto ein Wirtschaftsgut zugeordnet wird.Sie verbuchen den Bruttobetrag, wenn Sie Kleinunternehmer_in bzw. nicht vorsteuerabzugsberechtigt sind. In der Buchhaltung berücksichtigen Sie den Netto-Betrag, wenn Sie vorsteuerabzugsberechtigt sind.

Variante 1: Geringwertige Wirtschaftsgüter bis 410 € netto
Bei diesen Vermögensgegenständen müssen Sie unterscheiden zwischen denen mit geringfügigstem Wert (unter 150 €), wie z. B. dem Taschenrechner (den verbuchen Sie als Büromaterial), denen von mittlerem Wert (GwG) 150 bis 410 € netto und den Investitionen über 410 € netto.
Variante 2: Sammelposten GwG
Eine zweite Variante ist ein »Sammelposten GwG«. Hier gilt die Grenze von 1.000 € netto. Sammelposten werden quasi »abgeschrieben«, indem die Anschaffungskosten verteilt werden.

Die Methoden »GwG bis 410 € netto« (Variante 1) und »Sammelposten GwG« (Variante 2) schließen sich innerhalb eines Jahres aus, d. h. Sie müssen sich für eine Methode entscheiden.

8.1.1. Geringwertige Wirtschaftsgüter (GwG) bis 410 € netto

Gebrauchsgegenstände, die zwischen 150 € und 410 € netto gekostet haben, können Sie im Jahr der Bezahlung 100 % sofort als Betriebsausgabe abziehen, wenn Sie sie in einem gesonderten Verzeichnis führen. Das Buchungskonto »GwG bis 410 € netto« ist dafür ausreichend. Alle Wirtschaftgüter, die mehr als 410 € netto gekostet haben, müssen abgeschrieben werden.

ODER

8.1.2. Sammelposten GwG (150– 1.000 € netto)

Einen Sammelposten GwG können Sie in einem Jahr nur bilden, wenn Sie keine GwG bis 410 € netto verbuchen. Der Sammelposten GwG funktioniert so, dass Sie über ein Jahr lang die Wirtschaftsgüter zwischen 150 € netto und 1.000 € netto sammeln, die Anschaffungskosten aller dieser Wirtschaftsgüter am Jahresende addieren und diese anschließend auf das Jahr der Anschaffungen und die folgenden 4 Jahre verteilen, insgesamt 5 Jahre bis auf den Betrag von 0 €. Das entspricht jährlich 20 % Auflösung.

Gebrauchsgegenstände unter 150 € netto sind entweder ganz normale Betriebsausgaben oder Sie verbuchen Sie als Investitionen in das Anlagevermögen und schreiben sie ab.
Im folgenden Beispiel sehen Sie einen Sammelposten aus dem Jahr 2011.

Sammelposten GWG 2011						
Lfd. Nr.	Datum	Gegenstand	Anschaffungs- bzw. Buchwert in €	Auflösung Sammelposten 31.12. in €	Restwert 31.12. in €	Bemerkungen
1	10.01.	Stuhl	243,00			
2	25.02.	Regal	180,00			
3	14.03.	Lampe	200,00			
4	18.04.	PC	678,00			
5	18.04.	Drucker	174,00			
	2011	Summe Sammelposten	1.475,00	295,00	1.180,00	
	2012			295,00	885,00	
	2013			295,00	590,00	
	2014			295,00	295,00	
	2015			295,00	0,00	

Es ist wichtig, dass Sie bei der Anschaffung und Bezahlung dieser Gegenstände diese nicht als Betriebsausgaben verbuchen. Stellen Sie sich vor, wie Ihr Bankkonto geringer wird und im gleichen Atemzug Ihr Sammelposten (= Vermögen) größer wird ①. Der Sammelposten verringert sich erst am 31.12. eines Jahres und diese »Auflösung« wird als Betriebsausgabe verbucht ②.

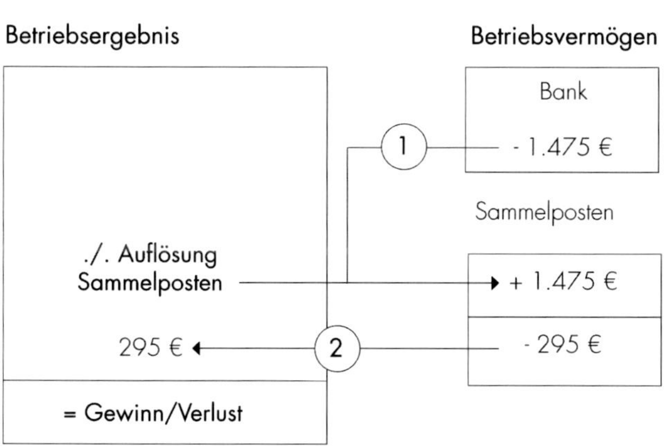

8.2. Investitionen über 410 € netto (bzw. 1.000 € netto) und Abschreibungen

Bei der Anschaffung von Wirtschaftsgütern über 410 € netto (bzw. 1.000 € netto) werden zum Zeitpunkt der Anschaffung keine Betriebsausgaben gebucht.

Zu diesem Zeitpunkt findet ein Vermögenstausch lediglich auf der Vermögensebene statt: Geld gegen Anlagevermögen ①. Das Geldvermögen wird mit der Anschaffung des PC um 1.566 € geringer, das Anlagevermögen steigt um den Wert von 1.566 €
Betriebsausgaben entstehen erst durch den Gebrauch und die wirtschaftliche Abnutzung. Das sind die Abschreibungen, die zum 31.12. jedes Jahres gebucht werden ②. Das Anlagevermögen verliert einen Wert von 348 €, die Abschreibungen steigen um 348 € in dem betreffenden Jahr.

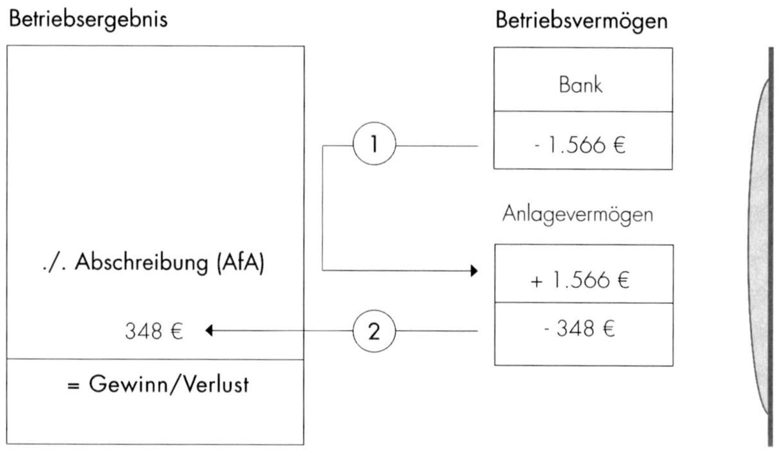

8.2.1. Nutzungsdauer

Die wirtschaftliche Abnutzung erstreckt sich auf den Zeitraum der »betriebsgewöhnlichen Nutzungsdauer«. Damit nicht jede_r mit dem Finanzamt bei der Anschaffung eines PC verhandelt, gibt es die AfA-Tabellen. AfA steht für: »Absetzung für Abnutzung« (umgangssprachlich heißt das Abschreibungen). Eine Tabelle finden Sie auf den Internetseiten des Bundesfinanzministeriums: www.bundes-finanzministerium.de.

Hier die gebräuchlichsten Wirtschaftsgüter und deren derzeitige Abschreibungsdauer nach der AfA-Tabelle.

Kfz	6 Jahre	PC/Notebooks	3 Jahre
Kopiergeräte	7 Jahre	Büromöbel	13 Jahre
Teppich	8 Jahre		

Wenn Sie einen gebrauchten Gegenstand kaufen, dann schreiben Sie Ihre Anschaffungskosten mindestens auf die Restnutzungsdauer ab. Ist z. B. das Kfz zwei Jahre alt, dann beträgt die Restnutzungsdauer vier Jahre. Haben Sie vor, das Auto länger zu nutzen, dann können Sie die Nutzungsdauer z. B. auch auf sechs Jahre erhöhen. Möchten Sie ein Wirtschaftsgut in einer kürzeren Zeit abschreiben, so müssen Sie das mit einer betriebsgewöhnlich stärkeren Abnutzung in Ihren Unterlagen begründen und gegenüber dem Finanzamt auf Nachfrage darlegen.
Eine längere Abschreibungsdauer können Sie immer dann wählen, wenn Sie eine längere Nutzung des Wirtschaftsguts planen. Es mag zwar verlockend sein, so hohe Ausgaben wie möglich zu verbuchen, allerdings sollten Sie daran denken, dass Sie in späteren Jahren noch Ausgaben benötigen. Gerade wer gründet, hat in den ersten Jahren meistens nicht so hohe Einnahmen. Wenn Sie später die hohen Gewinne zu versteuern haben, dann ist es gut, wenn Sie Ausgaben dagegensetzen können, ohne dass Sie erneut investieren müssen.

8.2.2. Abschreibung

Die Abschreibung erfolgt in der Regel linear, d. h. jedes Jahr wird zu gleichen Teilen abgeschrieben. Früher und zwischendurch war steuerlich auch die degressive Abschreibung möglich und es kann sein, dass sie aus wirtschaftspolitischen Gründen dann und wann wieder eingeführt wird. Degressive AfA bedeutet, dass in den ersten Jahren proportional mehr abgeschrieben wird.
Wir betrachten hier ausschließlich die lineare AfA. Im ersten Jahr muss die Abschreibung monatsgenau vorgenommen werden.

Nehmen wir das Beispiel eines Computers (die meisten haben einen), inklusive allen Zubehörs und Peripheriegeräte. Sie kaufen ihn am 23.05.2012 und bezahlen 1.566 €. Dieser Betrag liegt über 410 € netto bzw. über 1.000 € netto, d. h. Sie müssen die Anschaffungskosten auf drei Jahre Nutzungsdauer verteilen:

1.566 €/3 Jahre = 522 €/Jahr	Abschreibung

Im ersten Jahr:

522 €/Jahr/12 Monate x 8 Monate = 348 €/8 Monate im 1. Jahr Abschreibung

Daraus folgt folgende Aufstellung (Abschreibungskarte):

<table>
<tr><td colspan="6">Anlagenkarte Nr. ....3.................</td><td colspan="2">Konto: Geschäftseinrichtung
Nr. 0300</td></tr>
<tr><td colspan="5">Bezeichnung:

PC-Büro</td><td colspan="3">Lieferantin: Müller PCs</td></tr>
<tr><td colspan="5"></td><td>Anschaffungswert: 1.566 €</td><td colspan="2">R.-Datum: 22.05.12
AfA-Satz: 33,33 %</td></tr>
<tr><td></td><td></td><td></td><td></td><td></td><td colspan="3">Verkauft an:</td></tr>
<tr><td>Lfd. Nr.</td><td>Jahr</td><td>Anschaffungs- bzw. Buchwert per 01.01... in €</td><td>Zugang in €</td><td>Abgang in €</td><td>Abschreibung 31.12. in €</td><td>Buchwert 31.12. in €</td><td>Bemerkungen</td></tr>
<tr><td>1</td><td>2012</td><td>1.566,00</td><td></td><td></td><td>348,00</td><td>1.218,00</td><td></td></tr>
<tr><td>2</td><td>2013</td><td>1.218,00</td><td></td><td></td><td>522,00</td><td>696,00</td><td></td></tr>
<tr><td>3</td><td>2014</td><td>696,00</td><td></td><td></td><td>522,00</td><td>174,00</td><td></td></tr>
<tr><td>4</td><td>2015</td><td>174,00</td><td></td><td></td><td>173,00</td><td>1,00</td><td></td></tr>
<tr><td>5</td><td>2016</td><td>1,00</td><td></td><td></td><td>0,00</td><td>1,00</td><td></td></tr>
<tr><td>6</td><td></td><td></td><td></td><td></td><td></td><td></td><td></td></tr>
<tr><td>7</td><td></td><td></td><td></td><td></td><td></td><td></td><td></td></tr>
<tr><td>8</td><td></td><td></td><td></td><td></td><td></td><td></td><td></td></tr>
<tr><td>9</td><td></td><td></td><td></td><td></td><td></td><td></td><td></td></tr>
<tr><td>10</td><td></td><td></td><td></td><td></td><td></td><td></td><td></td></tr>
</table>

Früher gab es diese Anlagenkarten im Schreibwarenhandel, heutzutage sind diese Daten in den EDV-Buchführungen hinterlegt. Planen Sie die Buchführung per Hand, können Sie die Kopiervorlage im Anhang nutzen.

Jedes Wirtschaftsgut bekommt eine eigene Anlagenkarte. Schaffen Sie sich z. B. noch ein Notebook an oder einen zweiten PC, dann legen Sie dafür eine neue Anlagenkarte an.

In der Buchführung passiert bildlich Folgendes:

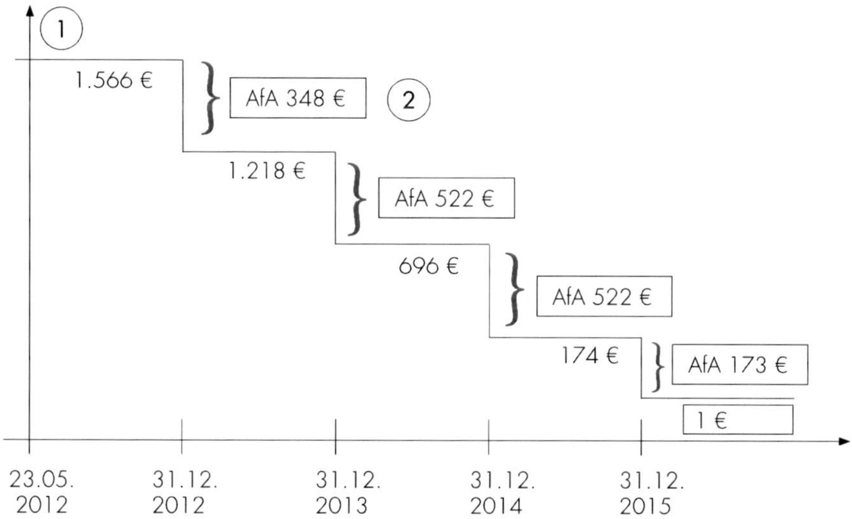

Warum werden am 31.12.2015 nicht 174 € abgeschrieben, und warum bleibt 1 € stehen? 1 € ist ein Erinnerungswert, das heißt der PC ist wirtschaftlich abgeschrieben, aber im Betriebsvermögen noch vorhanden. Erst wenn Sie den PC verschrotten oder ins Privatvermögen übernehmen, schreiben Sie auch den letzten Euro ab, so dass der Restwert 0 € ist. 0 € heißt, das Wirtschaftsgut ist im Betriebsvermögen nicht mehr vorhanden. Spüren Sie das Aufatmen an dieser Stelle? Alles gar nicht so schwierig – Sie haben gerade viel verstanden? So einfach ist die Sache. Das ist ein sehr schönes und nachvollziehbares Beispiel, an dem man dem guten alten Goethe mit seinem Zitat über Form und Inhalt der Buchführung die Hand schütteln möchte.

Wenn Sie an dieser Stelle noch nicht angekommen sind, lesen Sie das Kapitel ruhig noch einmal und versuchen Sie, mit Zettel und Stift mitzuzeichnen.

8.2.3. Außergewöhnliche Ereignisse

Nehmen wir einmal an, dass am 01.07.2014 der Blitz in Ihr Haus einschlägt und auf dem PC alle Daten verloren gehen und der PC nicht mehr zu reparieren ist. In Ihrer Anlagekarte sehen Sie, dass der PC zum 01.01.2014 noch einen Wert von 696 € hatte. Da der PC jetzt aus dem Betriebsvermögen ausscheidet, wird der gesamte Restwert bis auf den Wert 0 € abgeschrieben (das ist steuerrechtlich eine sehr vereinfachte Form). Sie sehen, wie die Buchführung die Realität nachbildet. Am Ende haben Sie für diesen Fall alle Anschaffungskosten in den Betriebsausgaben.

Wenn das mit der Realität und der Buchführung so schön harmoniert: Wie sähe denn jetzt der Fall aus, wenn der PC ab dem 01.07.2014 Ihren Kindern gehören soll?
Das ist jetzt eine Privatentnahme (Kinder = PRIVAT). Zunächst schreiben Sie den PC wieder mit den 696 € auf 0 € ab, da der PC Ihren Betrieb verlässt. In jedem Laden müssen Sie bezahlen, wenn Sie sich etwas zulegen. So ist das auch in Ihrem Betrieb (das ist jetzt der Laden). Sie müssen jetzt eine Einnahme verbuchen. Jedoch in welcher Höhe?
Was wäre jetzt der richtige Wert dafür? 696 €? Nein, Sie müssen jetzt den Verkehrswert für den PC ermitteln. Den Preis, den Ihr PC zu dieser Zeit am Markt erzielen würde. Das ist kein einfaches Unterfangen. Sie könnten sich mal bei ebay umschauen, was unter beendeten Angeboten erscheint.

Da PCs recht schnell an Wert verlieren, nehmen wir an, dass Sie noch ca. 300 € erhalten hätten. Jetzt buchen Sie 300 € für die Entnahme des PC. Der Verkehrswert von 300 € liegt unter dem Buchwert von 696 €, und es entsteht rechnerisch ein Verlust.
Angenommen, Sie ermitteln einen Wert von 800 €, dann müssten Sie 800 € als Einnahme verbuchen. Liegt der Verkehrswert über dem Buchwert, dann ergibt sich daraus ein Gewinn. Dieses Phänomen wird in der Steuersprache: »Aufdecken stiller Reserven« genannt. Diese werden sichtbar, wenn der buchhalterische Wert dem Verkehrswert – was jemand bereit ist zu zahlen – gegenübergestellt wird.

Auch bei diesen fiktiven Einnahmen: Vergessen Sie nicht die Umsatzsteuer, wenn Sie umsatzsteuerpflichtig sind.

8.3. Darlehen und Ratenzahlungen buchen

Sie haben einen betrieblichen Gegenstand erworben und zahlen ihn auf Raten ab? Sie haben ein Darlehen aufgenommen und zahlen nun Zins und Tilgung? Hier entsteht oftmals die Frage: Wie buche ich das alles? Die monatlichen Zahlungen – Tilgungen und Zinsen – als Betriebsausgabe?
So einfach geht es leider nicht. Zerlegen wir die ganze Angelegenheit in verdauliche Buchführungs-Häppchen:

Zum Beispiel einen PC, der 1.566 € kostet. Sie kaufen ihn am 23.05.2012, zahlen 500 € an und finanzieren die restlichen 1.066 €. Monatlich zahlen Sie eine Rate von 75 €, d. h. für das Jahr 2012 zahlen Sie insgesamt 525 € (7 x 75 €), und 2013 zahlen Sie 900 € (12 x 75 €). Insgesamt bezahlen Sie 1.925 €. Da der PC nur 1.566 € kostet, sind die Differenz von 359 € die anfallenden Zinsen.

Zahlungen	Ausgabe PC	Zinsen
1.925 €	./. 1.566 €	= 359 € (18,90 €/Monat)

Ausgabe PC	Anzahlungen	Darlehen
1.566 €	./. 500 €	= 1.066 €

Der erste Geschäftsvorfall besteht in der Anschaffung des PCs. Der PC ist ein Wirtschaftsgut, das benutzt und abgeschrieben wird (siehe vorhergehendes Kapitel). Die erste Buchung lautet also: 1.566 € auf Anlagevermögen.
Der zweite Geschäftsvorfall ist die Finanzierung. Wo ist das Geld geflossen?

Das Geld fließt:	1) in der Anzahlung von	500 €	
	2) durch das Darlehen von	1.066 €	
	3) durch die Zinsen von	359 €	(2012)
	4) durch die Darlehenstilgungen von	525 €	(2012)

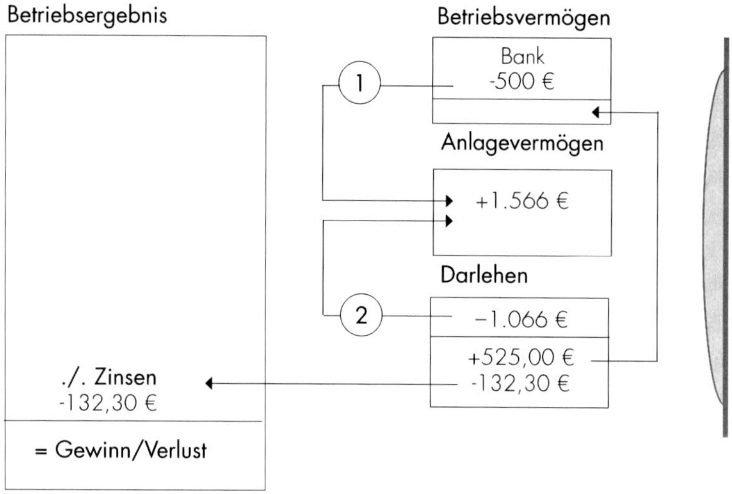

Technisch könnten Sie folgendermaßen vorgehen:

23.05.	PC Anlagevermögen	1.566,00 €	gegen Darlehen	1.566,00 €
23.05.	Darlehen	500,00 €	gegen Bank	500,00 €
	Stand Darlehen			**1.066,00 €**
01.06.	Darlehen	75,00 €	gegen Bank Rate	75,00 €
01.07.	Darlehen	75,00 €	gegen Bank Rate	75,00 €
01.08.	Darlehen	75,00 €	gegen Bank Rate	75,00 €
01.09.	Darlehen	75,00 €	gegen Bank Rate	75,00 €
01.10.	Darlehen	75,00 €	gegen Bank Rate	75,00 €
01.11.	Darlehen	75,00 €	gegen Bank Rate	75,00 €
01.12.	Darlehen	75,00 €	gegen Bank Rate	75,00 €
31.12.	Zinsen	132,30 €	gegen Darlehen	132,30 €
	Stand Darlehen			**677,30 €**

Die Zinsen können Sie auch monatlich buchen, sie sind in den Raten enthalten. Es ist sinnvoll, sie monatlich zu buchen, wenn sie bei den Zahlungen separat ausgewiesen sind (im Buchungstext der Bank z. B.) Die Rate setzt sich aus Tilgung und Zinsen zusammen. In der Ratenvereinbarung oder dem Darlehensvertrag werden die Zinsen manchmal als Gesamtbetrag angegeben.

In diesem Fall buchen Sie die anteiligen Zinsen. Wenn es eine Jahresbescheinigung über die geleisteten Zinsen und Tilgungsleistungen gibt, buchen Sie den Zinsbetrag am Jahresende.
Wenn Ihnen das zu schwierig oder aufwendig erscheint, buchen Sie die gesamte Rate gegen das Darlehen. In diesem Fall können Sie beim Jahresabschluss klären, wie viel Zinsen wohin gebucht werden. Nach Ablauf der Darlehensfrist muss der Stand des Darlehens 0 € betragen.

8.4. Nichtabziehbare Betriebsausgaben

Nichtabziehbare Betriebsausgaben, das klingt paradox. Es sind Betriebsausgaben, weil sie betrieblich verursacht wurden. Sie sind nicht als solche zu behandeln, weil der Gesetzgeber diesen Abzug (teilweise) untersagt.

8.4.1. Bewirtungskosten

Wenn Sie Ihrer Kundschaft Tee, Wasser, Kaffee und Kekse reichen, dann ist das eine freundliche Geste, und in der Buchführung können Sie diese zu 100 % als Betriebsausgabe einsetzen.
Das Buchführungskonto »Bewirtungskosten« meint die Betriebsausgaben, bei denen Sie KundInnen, Geschäftspartner_innen zum Essen eingeladen und sich haben bewirten lassen. Das ist der Restaurant-Besuch, bei dem Sie in angenehmer Atmosphäre Ihre Geschäftskontakte pflegen, neue Pläne entwerfen und eventuell Kooperationen eingehen.
Diese Restaurantquittung können Sie als Betriebsausgabe zu 70 % berücksichtigen, wenn Sie auf dem Bewirtungsbeleg den Namen der bewirteten Personen, das Datum und den Anlass vermerken. Der Anlass muss betrieblich/geschäftlich sein. Am Schluss unterschreiben Sie selbst den Beleg und heften ihn zu den anderen Belegen.
Die 30 %, die als Betriebsausgabe nicht berücksichtigt werden, werden als »nichtabziehbare Betriebsausgabe« (§ 4 Abs. 5 Nr. 2 EStG) bezeichnet.

8.4.2. Geschenke an Geschäftspartner_innen

Geschenke sind schöne Dinge, mit denen Sie das Herz anderer Menschen erfreuen können. Natürlich können Sie Ihre Geschäftspartner_innen umgarnen und die Kontakte pflegen, indem Sie sich mit Annehmlichkeiten und kleinen Präsenten unvergesslich machen. In der Buchführung sind diese Geschenke, die Sie aus

der betrieblichen Motivation heraus einkaufen, Betriebsausgaben. Lediglich aus steuerlicher Sicht tun sich nun Grenzen auf. Sie können bis 35 € pro Jahr und Kund_in als Betriebsausgabe berücksichtigen.
Auch bei den Geschenken müssen Sie selbst unterscheiden, was reine Werbung ist und was ein echtes Geschenk. Eine Gratulationskarte ist eine Aufmerksamkeit, Streuwerbeartikel bis zu 10 € wie Kugelschreiber, Feuerzeuge sind Werbung. Eine klassische CD, ein Roman, eine Flasche Wein – all das sind Geschenke von steuerrechtlicher Relevanz.

Ist ein Geschenk teurer als 35 €, dürfen Sie es als Betriebsausgabe gar nicht mehr berücksichtigen. In diesem Fall bleibt dieses Geschenk trotzdem steuerlich relevant. Ihr Gegenüber hat dadurch ein Einkommen (hat nach der Beschenkung mehr als vorher!). Wie Sie wissen, unterliegt Einkommen der Einkommensteuer. So auch hier. Entweder versteuert die beschenkte Person das bei ihrer Einkommensteuer. In dem Fall müssten Sie als Schenkende darauf hinweisen und den Wert des Geschenks nennen. In unserer Kultur ist dies nicht üblich, und so hat der Gesetzgeber vorgesehen, dass diese Steuer auch pauschal in Höhe von 30 % durch die schenkende Person (das sind Sie) abgeführt werden kann (§ 37b EStG). Das gilt, sobald die Grenze von 40 € pro Jahr und Kundin überschritten ist und für Geschenke, die keinen besondern Anlass wie z. B. einen Geburtstag haben.
Übersetzen wir es in allgemein verständliches Deutsch: Ein Geschenk, das 50 € kostet, dürfen Sie in der Buchführung nicht berücksichtigen. Sie dürfen dafür aber Steuern zahlen, nämlich 15 €. Das ist dann allerdings eine Betriebsausgabe.

8.4.3. Gewerbesteuer

Wer ein Gewerbe betreibt (z. B. Handel) und keiner Ausnahme unterliegt (z. B. freier Beruf) ist prinzipiell gewerbesteuerpflichtig. Die Gewerbesteuer hat explizit betriebliche Züge und ist auch nur durch den Betrieb veranlasst. So scheint sie eine betriebliche Ausgabe zu sein. So ist es auch. Allerdings eine nicht abziehbare Betriebsausgabe, d. h. sie darf den steuerlich relevanten Gewinn nicht mindern.

Und weil es ein wenig ungerecht ist, dass Gewerbetreibende mehr Steuern zahlen als Freiberufliche, wird die Gewerbesteuer auf die Einkommensteuer nach einem bestimmten Verfahren angerechnet.

8.5. Reise- und Fahrtkosten

Betrieblich veranlasste Reisen verursachen Kosten (Betriebsausgaben). Die Reisekosten umfassen auch die Fahrtkosten, die in der Buchführung separat erfasst werden.

8.5.1. Fahrtkosten

Es können ganz unterschiedliche Fahrtkosten entstehen. Ob Fahrten mit dem Taxi, der Bahn, den öffentlichen Verkehrsmitteln oder Flüge: Hier ist das Ticket, die Rechnung, die Fahrkarte oder die Quittung der Beleg für die Buchführung. Sie brauchen nichts Besonderes beachten.

8.5.2. Kfz-Kosten buchen

Sobald Sie ein Auto für die betrieblichen Fahrten benutzen, wird es schwieriger.
Sofern Ihnen dieses Auto selbst gehört, beginnen die buchhalterischen Überlegungen: Gehört Ihr Auto in das Privatvermögen oder in das Betriebsvermögen? Sofern die betriebliche Nutzung nicht überwiegt, aber mehr als 10 % beträgt, können Sie selbst entscheiden, ob das Auto Teil Ihres Privatvermögens sein soll oder des Betriebsvermögens. Überwiegt die betriebliche Nutzung, gehört das Auto zum Betriebsvermögen.

Zu Beginn einer selbständigen Tätigkeit, bei einem Fahrzeugwechsel oder bei einem Neukauf sind solche Überlegungen sinnvoll. Dann können Sie entscheiden, ob es Betriebsvermögen oder Privatvermögen sein soll.
Wenn Ihr Kfz Privatvermögen ist, lohnt sich der Blick auf die betrieblich gefahrenen Kilometer. Wenn Sie mittlerweile privat weniger Kilometer als betrieblich zurücklegen, dann gehört das Kfz in das Betriebsvermögen. In diesem Fall müssen Sie es in das Betriebsvermögen einlegen (siehe Abschnitt 8.8.3.1).
Sofern die betriebliche Nutzung nicht überwiegt, aber mehr als 10 % beträgt, können Sie selbst entscheiden, ob das Auto Teil Ihres Privatvermögens sein soll oder des Betriebsvermögens. Überwiegt die betriebliche Nutzung, gehört das Auto zum Betriebsvermögen.

8.5.2.1. Kilometerpauschale

BETRIEBLICH	PRIVAT
	Kfz

Das Auto befindet sich im Privatvermögen. Die betrieblichen Fahrten sind geringer als die privaten Fahrten (unter 50 %).
Alle Ausgaben für das Auto sind Privatausgaben: von der Anschaffung über die laufenden Kosten, den Winterrädern und dem Tanken bis hin zu den Reparaturen. Für die betrieblichen Fahrten können Sie 0,30 € je gefahrenen Kilometer als Betriebsausgaben eintragen. Für den Nachweis reicht es aus, wenn Sie die betrieblichen Fahrten einzeln aufschreiben:

Datum	Fahrtstrecke	Zweck/besuchte Firmen/Personen	Anzahl der Kilometer	€ (0,30 €/km)
25.09.	Alleestraße – Königinnenstraße – Alleestraße	Einkauf, Post	10	3,00

Im Anhang finden Sie eine Kopiervorlage für solch eine Liste. Diese Auflistung der betrieblichen Fahrten ist kein Fahrtenbuch. Das Fahrtenbuch gibt es nur für Kfz im Betriebsvermögen, und es ist lückenlos zu führen (siehe Abschnitt 8.5.2.2.).

Betriebliche Fahrten sind z. B. Fahrten zum Einkaufen, Werbung ausfahren, Fahrten zu KundInnen und Auftraggeber_innen. Diese stellen niemals die eigene Betriebsstätte dar. In Abgrenzung zur Kilometerpauschale gibt es noch die Entfernungspauschale, bei der die regelmäßige Betriebsstätte eine Rolle spielt (siehe unten).

Kilometerpauschale fürs Fahrrad
Wenn Sie Ihr Fahrrad für betriebliche Fahrten nutzen, dann können Sie für jeden gefahrenen Kilometer 0,05 € aufschreiben.

Die Entfernungspauschale

Wären alle Fahrten betrieblich, dann wäre unser Steuerrecht sehr überschaubar. Aber keine Regel ohne Ausnahme: Für die Fahrten zwischen der eigenen Wohnung (privat) und der regelmäßigen Betriebsstätte (Praxis, Büro, Werkstatt, Laden ...) können Sie nur die einfache Entfernung pro Tag berücksichtigen. Fahren Sie mehrmals am Tag hin und her, können Sie die Entfernungspauschale nur einmal ansetzen.

Die regelmäßige Betriebsstätte ist Ihre betriebliche Niederlassung, von der aus Sie Ihre Geschäfte leiten. Das kann die eigene Wohnung sein oder angemietete Räume für Ihre Praxis oder Ihren Laden. In Ihren Räumen bestimmen Sie über die Farbe an den Wänden und über die Einrichtung. Haben Sie Räume nur zeitweise angemietet, ist dies keine regelmäßige Betriebsstätte. Wenn Sie regelmäßig bei einem Auftraggeber arbeiten (z. B. bei der Volkshochschule), dann ist das auch keine regelmäßige Betriebsstätte.

Wenn Sie Ihre Selbständigkeit von zu Hause aus betreiben, dann ist das Ihre Betriebsstätte. In diesem Fall beträgt die Entfernung 0 km. Ihre Fahrten sind dann immer betriebliche Fahrten, bei denen die Kilometerpauschale greift (siehe oben).

Egal, welches Fahrzeug Sie benutzen, oder ob Sie zu Fuß gehen: Für jeden Tag können Sie 0,30 € pro Kilometer der einfachen Entfernung geltend machen. Es muss nicht die kürzeste Strecke sein. Es ist die Strecke, die für Sie verkehrsgünstig ist und die Sie regelmäßig benutzen.

Im Bild ist das die schwarze Strecke (5 km).

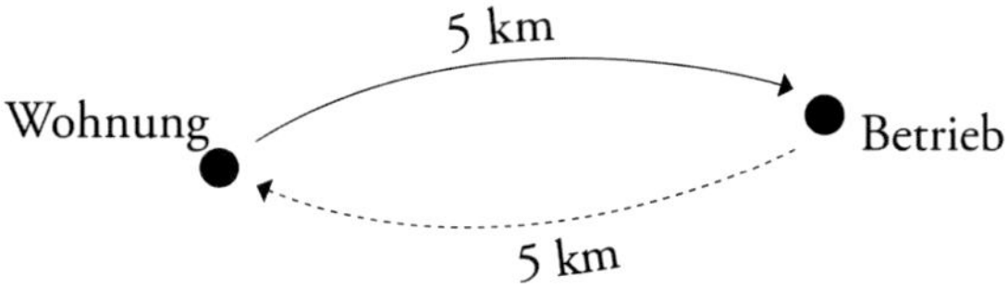

Beispiel

Die Gesamtkilometer im Jahr betragen 28.000 km. Die betrieblich gefahrenen Kilometer (weniger als 50 %) belaufen sich auf 12.000 km. Regina ist an 200 Tagen von ihrer Wohnung in den Betrieb (Praxis) gefahren. Zwischen ihrer Wohnung und ihrer Praxis muss sie 5 km zurücklegen.
Die Kilometerpauschale beträgt 0,30 €/gefahrenen Kilometer. Die Entfernungspauschale beträgt 0,30 €/km für die einfache Entfernung und Tag.
Als Ausgaben werden in der Buchführung gebucht:
Kilometerpauschale **10.000 km x 0,30 €/km = 3.000 €**
Für die Fahrten zwischen Wohnung und Praxis
(Entfernungspauschale) **1.000 km x 0,30 € = 300 €**

Achtung: Zum 1.1.2014 ändert sich das Reisekostenrecht. Inwiefern Begriff und Inhalt der »regelmäßigen Betriebsstätte« bestehen bleiben, ist mit großen Fragezeichen verbunden. Ob daraus eine erste Betriebsstätte wird oder eine erste Tätigkeitsstätte, die mit Betriebsstätte nichts mehr zu tun hat, das alles liegt meines Erachtens im möglichen Interpretationsrahmen für Selbständige.

8.5.2.2. Das Kfz im Betriebsvermögen

Das Auto befindet sich im Betriebsvermögen. Die betriebliche Nutzung beträgt mindestens 10 %. Wenn Sie im Jahr 20.000 km fahren, dann müssen die betrieblichen Fahrten also mindestens 2.000 km betragen. Liegt dieser Anteil über 50 % (mehr als 10.000 km), dann muss das Auto Betriebsvermögen sein, darunter kann es Betriebsvermögen sein. Liegen die Anschaffungskosten über 410 € netto, dann wird das Auto abgeschrieben.

Alle Kfz-Kosten wie Tanken, Reparaturen, Wäsche, Kfz-Steuer, Kfz-Versicherung, die Abschreibung etc. sind Betriebsausgaben.

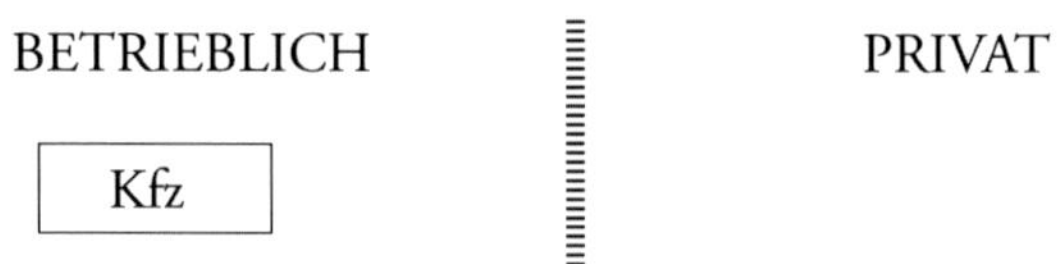

Die **private Mitbenutzung** wird über den Eigenverbrauch (Nutzungsentnahme) als Einnahme verbucht. Das ist ungefähr so, als würden Sie in Ihrem eigenen Betrieb einkaufen. Wenn das so ist, hat dieser Betrieb eine Einnahme.

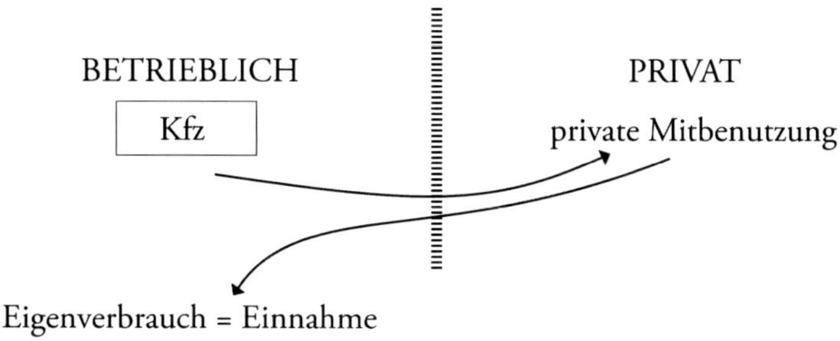

1) Eigenverbrauch mit der 1 %-Methode ermitteln (Kfz im Betriebsvermögen)
Die betriebliche Nutzung beträgt mindestens 50 % (§ 6 Abs. 1 Nr. 4 EStG). Das muss einmal nachgewiesen werden (z. B. über das Führen eines Fahrtenbuchs über 3 Monate). Für diese Berechnung gehören die Fahrten zwischen Wohnung und Betrieb/Praxis/Büro (also die regelmäßige Betriebsstätte) dazu.

Wie oben beschrieben, werden alle mit dem Kfz zusammenhängenden Kosten als Betriebsausgaben verbucht.

Der *private Anteil* wird monatlich (!) mit 1 % des inländischen Listenpreises am Tag der Erstzulassung als Eigenverbrauch (Einnahme) gebucht. Der inländische Listenpreis am Tag der Erstzulassung ist der Preis, den das Auto gekostet hat, als es zum ersten Mal auf die Straße durfte.

Für die *Fahrten zwischen Wohnung und Betrieb* (regelmäßige Betriebsstätte) werden 0,03 Prozent des inländischen Listenpreises je Kalendermonat für jeden Entfernungskilometer von den Betriebsausgaben wieder abgezogen.
Für diese Fahrten können Sie die Entfernungspauschale als Betriebsausgaben wieder hinzurechnen.

Das klingt kompliziert? Wenn es dort so steht, auf jeden Fall. Ich zeige Ihnen ein Beispiel, dann wird es wieder einfacher:

Beispiel:

Der inländische Listenpreis am Tag der Erstzulassung betrug	20.000 €
Bei den Ausgaben wird gebucht:	
Die **Gesamtausgaben** wurden verbucht mit	
(Steuern, Versicherung, Benzin, Abschreibung)	**./. 4.000 €**
Für die **Fahrten zwischen Wohnung und Betrieb**	
(einfache Entfernung 5 km) werden bei den Betriebsausgaben abgezogen:	
12 x 5 km x 20.000 € x 0,03 %	**+ 360 €**
Für die Entfernungspauschale	
200 Tage x 5 km x 0,30 €	**./. 300 €**
Gesamtausgaben	**./. 3.940 €**
Bei den Einnahmen wird gebucht:	
Für die privaten Fahrten:	
muss monatlich 1 % von 20.000 € = 200 € verbucht werden.	
Als Eigenverbrauch (Einnahme) wird gebucht: 200 € x 12	**+ 2.400 €**
Summarisch ergeben sich für den Betrieb Ausgaben von insgesamt	1.540 €.

2) **Eigenverbrauch mit dem Fahrtenbuch ermitteln** (Kfz im Betriebsvermögen)
Durch das Fahrtenbuch wird die tatsächliche private Nutzung des Kfz ermittelt. So wird nur die anteilige private Nutzung als Einnahme gebucht. Viele scheuen die Disziplin und die Schreibarbeit. Für diese Menschen bleibt die 1 %-Methode, die ja sehr unaufwendig und jedes Jahr gleich ist.
Während des gesamten Jahres wird ein lückenloses Fahrtenbuch geführt. Alle betrieblichen und privaten Fahrten sowie die Fahrten zwischen Wohnung und Büro/Praxis werden einzeln und voneinander getrennt aufgeschrieben. Diese Fahrtenbücher gibt es im Schreibwarenhandel.

					Gefahrene km			
Datum	Reiseroute und Ziel	Zweck der Fahrt	Besuchte Personen, Firmen, Behörden	km-Stand Fahrtbeginn	Geschäftlich	Wohn/ Arbeit	Privat	km-Stand Fahrtende

Weitere Anforderungen ans Fahrtenbuch: Es muss zeitnah geschrieben werden. Der Tachostand wird mitgeführt. Das Fahrtenbuch darf weder aus losen Blättern bestehen noch darf es verändert werden (elektronisches Fahrtenbuch). Das soll gewährleisten, dass ein Fahrtenbuch nicht nachträglich verändert, sprich gefälscht werden kann. Es soll echt, d. h. aus dem Leben gegriffen sein (siehe unten).

Die schönsten Urteile vom Bundesfinanzhof gibt es immer wieder zum Thema Fahrtenbuch. Wenn Sie sich ein bisschen amüsieren möchten, Spaß am juristischen Hin und Her haben und eine dezent eindeutige Meinungsäußerung lieben, werden Sie beim Lesen voll auf Ihre Kosten kommen:
Zum Thema Leben: Ein Finanzamt wollte ein Fahrtenbuch nicht anerkennen, weil es nicht ordentlich genug geschrieben war. Der Bundesfinanzhof befand (O-Ton): »Ein Fahrtenbuch muss Spuren des Gebrauchs tragen. Unterschiedliche Schriften sind eher ein Indiz dafür, dass es nicht an einem Stück geschrieben wurde.« Genau. Eselsohren, Kaffeeflecken, unterschiedlich Stifte, die Oberfläche nicht zu glatt. Dieses Fahrtenbuch hat gelebt. Falls Sie auf die Idee kommen sollten, Ihr Fahrtenbuch noch einmal abzuschreiben, weil es nicht ordentlich genug sein könnte …
Die Tücken des Alltags: Ein Finanzamt wollte ein Fahrtenbuch verwerfen, weil es Fehler (Rechenfehler) enthielt und demnach nicht stimmte. Und so erteilte der BFH (Bundesfinanzhof) dem Finanzamt eine wohl formulierte Abfuhr (O-Ton): »Es entspricht der allgemeinen Lebenserfahrung, dass wir Menschen sind und Flüchtigkeitsfehler machen. Dazu gehört, dass man sich schon mal verrechnet.« Das Fahrtenbuch musste anerkannt werden.
Dreistigkeit zahlt sich aber auch nicht aus: Ein Steuerzahler hatte sein Fahrtenbuch nachgereicht, und das Finanzamt hatte Zweifel an der Echtheit (zeitnahes Führen). Der BFH trat folgenden Beweis an (O-Ton): »Menschen haben Lieblingszahlen, die sie öfter verwenden, als diese bei der Normalverteilung aller Zahlen auftreten. Entspricht das Fahrtenbuch der Wahrheit, dann sind die Endzahlen normal verteilt und kommen gleich häufig vor. Nach Anwendung des Chi-Quadrat-Tests (statistische Methode) durch den BFH wurde das Fahrtenbuch als »unecht«, also nachgeschrieben identifiziert.«

Die Folge eines inkorrekten Fahrtenbuchs ist, dass es verworfen wird und die 1 %-Methode angewendet wird.

Nach diesem kleinen Ausflug zurück zur Technik des Fahrtenbuchs:
Alle mit dem Pkw zusammenhängenden Ausgaben werden das gesamte Jahr über gebucht. Die Aufteilung der betrieblichen und privaten Kosten erfolgt nach dem gleichen Verhältnis wie die entsprechenden Kilometer.
Der private Anteil an den Kosten wird am Jahresende als Eigenverbrauch (Einnahme) gebucht. Der Kostenanteil, der auf die Fahrten zwischen Wohnung und Büro entfällt, wird zunächst abgezogen und später mit der Entfernungspauschale in die Betriebsausgaben gebucht.

Beispiel:

Die Gesamtkilometer belaufen sich auf		20.000 km
Die privat gefahrenen Kilometer		8.000 km
Die Fahrten zwischen Betrieb/Praxis und Wohnung		2.000 km
Die Anteile verteilen sich wie folgt:		
Für die privaten Fahrten:	**8.000** km/20.000 km	40 %
Für die Fahrten zwischen Betrieb/Praxis und Wohnung		
	2.000 km/20.000 km	10 %
Für die betrieblichen Kilometer	**10.000** km/20.000 km	50 %
Bei den Ausgaben wird gebucht:		
Die **Gesamtausgaben** wurden verbucht mit		
(Steuern, Versicherung, Benzin, Abschreibung)		./. 4.000 €
Für die **Fahrten zwischen Wohnung und Betrieb**		
wird der **Anteil** für Fahrten zwischen		
Wohnung und Büro/Praxis abgezogen	4.000 € x 10 %	+ 400 €
Für die Entfernungspauschale		
200 Tage x 5 km x 0,30 € hinzugerechnet		./. 300 €
Gesamtausgaben		**./. 3.900 €**
Bei den Einnahmen wird gebucht:		
Als **Eigenverbrauch** für die privaten Fahrten (Einnahme)		
4.000 € x 40 % werden gebucht		**+ 1.600 €**

Summarisch ergeben sich für den Betrieb Ausgaben von insgesamt 2.300 €.

8.5.2.3. Zusammenfassung Kfz-Kosten

Die Bespiele sind so gewählt, dass sie vergleichbar sind. Gleiche Kosten, gleiche Kilometer. Schauen Sie sich bei den Kfz-Kosten die Beispiele noch einmal an und vergleichen Sie:

Betriebsausgaben Kilometerpauschale	3.300 €
Betriebsausgaben (summarisch) 1 %-Methode	1.540 €
Betriebsausgaben (summarisch) Fahrtenbuch	2.300 €

Dann sehen Sie, wie unterschiedlich sich die Methoden auf Ihren Gewinn auswirken. Sie können bei der Fahrtenbuch-Methode und bei der 1 %-Methode wählen, welche günstiger für Sie ist. Allerdings ist das nur jahresweise möglich.
Sie können nicht beliebig zwischen der Zuordnung Privatvermögen und Betriebsvermögen hin- und herwechseln. Es ist möglich bzw. manchmal notwendig, das Auto vom Privatvermögen in das Betriebsvermögen einzulegen (siehe Abschnitt 8.8.).

8.5.3. Reisekosten

Neben den Fahrtkosten gibt es weitere Reisekosten, die anfallen können. Parkgebühren bei betrieblichen Fahrten und Reisen buchen Sie ganz normal, Sie brauchen nichts weiter zu beachten.

8.5.3.1. Verpflegungsmehraufwendungen

Essen und Trinken ist eine private Angelegenheit und demnach keine betriebliche Ausgabe. Eine Ausnahme hatte ich weiter oben schon angesprochen. Im Rahmen des Geschäftsessens (Bewirtungskosten) werden Sie selbst satt und dürfen 30 % nicht als Betriebsausgaben abziehen. Eine weitere Ausnahme sind freundliche Gesten wie Tee, Kaffee, Wasser, Gebäck etc., das Sie Ihrer Kundschaft anbieten.
Die dritte Ausnahme greift, wenn Sie betrieblich bedingt eine gewisse Zeit abwesend von zu Hause und von Ihrem Betrieb sind und für Ihre Verpflegung mehr Kosten aufwenden müssen, indem Sie während einer betrieblich veranlassten Reise z. B. auswärts essen.

Achtung: Zum 01.01.2014 ändert sich das Reisekostenrecht. Die Verpflegungsmehraufwendungen werden dann anders berechnet.

Folgende Verpflegungsmehraufwendungen können Sie geltend machen:

24 Std. (volle Tage) abwesend	24 €
mindestens 14 Std. abwesend	12 €
mindestens 8 Std. abwesend	6 €

Es zählt der gesamte Reisezeitraum ab dem Zeitpunkt, an dem Sie die Wohnungs- oder Bürotür verlassen, bis zu Ihrer Rückkehr.
Die Abwesenheitszeiten werden tageweise berechnet. Für den Anreisetag wird die Zeit vom Verlassen der Tür bis 24.00 Uhr berücksichtigt, und am Abreisetag wird von 0.00 Uhr bis zum Erreichen der Tür gerechnet.

Angenommen Sie besuchen ein Buchführungsseminar in Euskirchen. Das Seminar dauert von Freitagabend 18.00 Uhr bis Sonntagnachmittag 15.00 Uhr. Sie reisen aus Hamburg an und verlassen Ihre Wohnung um 10.00 Uhr. Sie fahren am Montag zurück und sind um 16.00 Uhr zu Hause. Die Verpflegungsmehraufwendungen ermitteln Sie wie folgt:

Fr., 12.9.	10 Uhr	10.00 – 24.00 Uhr	14 Stunden	12 €
Sa., 13.9.		0.00 – 24.00 Uhr	24 Stunden	24 €
So., 14.9.		0.00 – 24.00 Uhr	24 Stunden	24 €
Mo.,15.9.	16 Uhr	0.00 – 16.00 Uhr	16 Stunden	12 €
Gesamt				**72 €**

Sie können dafür das Formular »Reisekostenabrechnung« verwenden. Für die Buchführung als Selbständige ist es sinnvoll, diese nur für die Verpflegungsmehraufwendungen zu benutzen, damit Sie mit den anderen Belegen nicht durcheinander kommen.
Im Ausland gelten je nach Land andere Pauschalen. Im Bedarfsfall können Sie sich beim Bundesfinanzministerium die Liste herunterladen.
Für den Fall, dass Sie eine betriebliche Reise mit privaten Interessen verbinden und diese nicht von untergeordneter Bedeutung sind, müssen Sie die Reisekosten prozentual aufteilen.

8.5.3.2. Weitere Reisekosten – Übernachtung

Wenn in Ihrem Übernachtungsbeleg Frühstück enthalten ist, buchen Sie zusätzlich zu den Ausgaben 4,80 € je Übernachtung als Eigenverbrauch (Einnahmen).

8.6. Personalkosten

Sie werden ArbeitgeberIn. Nun kommen neben der Entlastung neue Aufgaben und Verpflichtungen auf Sie zu. Personalverwaltung ist gar kein einfaches Kapitel. Ohne PC und ohne Lohnprogramm können Sie Personal kaum noch selbst verwalten. Bei nur einer Angestellten ist der Aufwand schon verhältnismäßig hoch. Sie können die Personalverwaltung auslagern, wenn Sie die Mühen und Kosten scheuen.
Dann ist es wichtig, dass Sie Folgendes beachten: Jede zusätzliche Zuwendung (Einkommen!), die Sie Ihrer Angestellten zukommen lassen, kann lohnsteuerpflichtig und sozialversicherungspflichtig sein. Es gibt lohnsteuer- und sozialversicherungsfreie Zuwendungen wie z. B. Warengutscheine bis 44 € im Monat oder Geschenke bis 40 € pro Jahr. Bevor Sie solche Lohnbestandteile ausgeben, erkundigen Sie sich bitte, welche Bedingungen Sie einhalten müssen.

8.7. Häusliches Arbeitszimmer

Arbeiten Sie von zu Hause aus und nutzen Sie einen getrennten Raum als Arbeitszimmer, dann können Sie die anteiligen Kosten als Betriebsausgaben abziehen. Da es zu einer Vermischung von privaten und betrieblichen Ausgaben kommt, werden weitere Bedingungen aufgestellt. Das »häusliche Arbeitszimmer« ist ein büromäßig eingerichtetes Zimmer, das in die häusliche Sphäre (privat) eingegliedert ist. Handelt es sich bei dem Raum in Ihrer häuslichen Sphäre um eine Praxis, eine Werkstatt oder ein Lager (Geschäftsraum), dann muss dieser Raum zwar auch abgetrennt sein, aber besondere Schwerpunkte und zeitlichen Eingrenzungen gibt es nicht.
Das Arbeitszimmer ist durch Wände und Türen von den anderen Räumen getrennt und es darf weder privat genutzt werden noch dürfen Gegenstände enthalten sein, die auf eine private Nutzung schließen lassen. Es darf auch kein Durchgangszimmer sein. Die Wohnung/das Haus muss groß genug sein, damit alle Bewohner_innen genügend Platz zum Leben haben.
Für Arbeitsräume werden nur *Ausgaben, die ausschließlich für den Raum anfallen*, berücksichtigt. Dazu gehören neben der anteiligen Miete unter anderem die

Renovierung, die Zimmerbeleuchtung und die »Auskleidung« mit Fußböden, Teppichen, Gardinen und Bildern, die Nebenkosten, Energie und Wasser.
Alle **direkt zurechenbaren Ausgaben** für das Arbeitszimmer wie die Renovierung des Raums, Vorhänge und Beleuchtung werden gebucht.
Alle **nicht direkt zurechenbaren Ausgaben** wie Miete, Strom und Wasser, Heizung etc. sind im Verhältnis der Wohnfläche zur Fläche des Arbeitszimmers aufzuteilen. Der Anteil, der auf das Arbeitszimmer entfällt, wird als Betriebsausgabe verbucht.
Wenn Sie ein Haus oder eine Eigentumswohnung besitzen, wird das »häusliche Arbeitszimmer« oder der »Geschäftsraum« zum notwendigen Betriebsvermögen und wird abgeschrieben.

a) **Das Arbeitszimmer ist Mittelpunkt der gesamten beruflichen und betrieblichen Tätigkeit.**

Das kann z. B. bei einem Grafikdesigner der Fall sein, der von zu Hause aus arbeitet. Alle anteiligen Raumkosten sowie die Kosten der Raumausstattung sind Betriebsausgaben.

b) **Es steht kein anderer Arbeitsplatz zur Verfügung.**

Eine Yogalehrerin, die bei verschiedenen Einrichtungen unterrichtet, hat ihren qua-litativen Schwerpunkt außerhalb ihres Arbeitszimmers. Ihr steht kein anderer Arbeitsplatz zur Verfügung. Auch die Grafikdesignerin, die noch 20 Stunden pro Woche angestellt arbeitet, hat den Schwerpunkt ihrer beruflichen und betrieblichen Tätigkeit nicht im Arbeitszimmer. In diesem Fall sind die Raumkosten sowie die Kosten der Raumausstattung auf maximal 1.250 € pro Jahr begrenzt. Die Ausgaben müssen trotzdem nachgewiesen werden.

8.8. Privatentnahmen und -einlagen

Sobald die schwarze Trennlinie zwischen »Betrieb« und »Privat« überquert wird, gibt es eine Privateinlage (von privat zum Betrieb) oder eine Privatentnahme (vom Betrieb zu privat).Ob nun Geld, Gegenstände oder Leistungen die Ebenen wechseln, wirkt sich auf den Gewinn aus oder nicht. Nicht jede Privatentnahme bzw. -einlage ist eine Betriebsausgabe oder Betriebseinnahme. Aber der Reihe nach:

8.8.1. **Privateinlagen und -entnahmen** (Geld)

Geldeinlagen oder -entnahmen können zwischen dem Privatkonto und dem Geschäftskonto verlaufen oder zwischen dem Portemonnaie und der Kasse. Andere Kombinationen sind genauso möglich.
Das ist die Realität. Die Buchführung endet im betrieblichen Teil. Das bedeutet in unserer Grafik: in der grauen Fläche. Das ist das Buchführungskonto »Privat« (Vermögensebene). Es ist unerheblich, aus welchem privaten Geldtopf das Geld geflossen ist.

(1) Privateinlage Geld

Wenn auf Ihrem Geschäftskonto zu wenig Geld ist, um die demnächst anstehenden Zahlungen zu begleichen, können Sie aus Ihrem privaten Vermögen Geld in den Betrieb einlegen, indem Sie z. B. Sie eine bestimmte Summe von Ihrem Privatkonto auf Ihr betriebliches Konto überweisen. Wie Sie unten sehen können, wird die Ebene »Betrieblicher Erfolg« dabei nicht berührt. Das bedeutet, dass diese Geldverschiebung keinerlei Einfluss auf den Gewinn bzw. Verlust Ihrer selbständigen Tätigkeit hat.

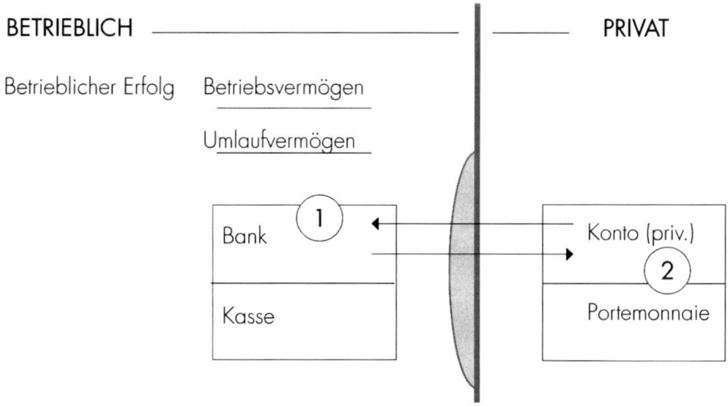

(2) Privatentnahme Geld

Eine Privatentnahme findet statt, wenn Sie vom Geschäftskonto Geld auf Ihr Privatkonto überweisen oder Geld aus Ihrer Kasse nehmen und es in Ihr Portemonnaie stecken bzw. es auf Ihrem privaten Konto einzahlen.
Dieser Vorgang findet statt, wenn Sie Ihre privaten Kosten decken möchten (wie z. B. Miete, Essen, Krankenversicherungsbeiträge). Sie können es auch als Ihren Unternehmer_innenlohn bezeichnen. Diese Privatentnahme berührt nur

die Vermögensebene und wirkt sich nicht auf Ihren Gewinn bzw. Verlust aus!
Wenn Sie ihre Krankenversicherungsbeiträge oder Ihre Einkommensteuervorauszahlungen vom Geschäftskonto zahlen, dann sind das private Ausgaben, also eine Privatentnahme. Eine Entnahme können Sie auch tätigen, wenn Sie von Ihrem privaten Geld viele Betriebsausgaben bestritten haben und Sie damit Ihr betriebliches Konto belasten. Manche überweisen sich genau den Betrag, den sie als Betriebsausgabe hatten. Wenn Ihnen das ein gutes Gefühl von Ordnung und Struktur vermittelt, dann tun Sie das. Wenn Sie allerdings den Gedanken hegen, dass Sie durch diese Privatentnahme die Ausgabe »generieren«, dann greifen Sie bitte nicht zu diesem Mittel. Sie bringen sich und Dritte zu Gedankenspielen und Zeiteinsatz, der sich vermeiden lässt. Diese ausgabengenauen Entnahmen führen dazu, dass man die tatsächlichen Betriebsausgaben suchen und überprüfen muss, ob sie nicht doch schon verbucht sind oder ggf. doppelt gebucht wurden. Sie erinnern sich an den Grundsatz, dass die Buchführung die Realität abbilden soll. Eine Ausgabe entsteht immer mit der tatsächlichen Bezahlung, also dem ersten Geldfluss, der stattfindet.
Es ist einfacher, wenn Sie sich Beträge einmal im Monat auszahlen und einen glatten Betrag verwenden. (z. B. 850 € statt 835,67 €). Dann ist auch für Dritte klar erkennbar, dass es sich um eine Entnahme handelt.
Verwenden Sie den Überweisungstext »Entnahme« oder »Betriebsentnahme« und versehen sie ihn mit einem Zusatz z. B. »für Betriebsausgaben«. Dann ist es eindeutig.

8.8.2. Privatentnahmen und -einlagen aufzeichnen?

Da es sich bei diesen Privatentnahmen und -einlagen nicht um Betriebseinnahmen oder -ausgaben handelt, müssen Sie diese auch nicht aufzeichnen. Sie erinnern sich: Aufzeichnungspflicht besteht nur für Ihre Betriebseinnahmen und -ausgaben. Sie können sich die Privatentnahmen und -einlagen (Geld) natürlich aber trotzdem notieren. In manchen Fällen ist das sinnvoll.
Wenn Sie Ihre Buchführung elektronisch erledigen und nach »Bank« buchen, ist es sinnvoll, damit Sie den Bankbestand vergleichen können. Haben Sie durch Darlehen viel Geld zur Verfügung, lohnt sich die Aufzeichnung der Privatentnahmen. Sie können diese dann mit Ihrem Gewinn vergleichen und feststellen, ob Sie das, was Sie entnehmen, auch ungefähr erwirtschaftet haben und nicht die Substanz des Betriebes aufzehren.

8.8.3. **Privateinlagen** (Gegenstände, Betriebsausgaben) und -entnahmen

8.8.3.1. Privateinlage von Gegenständen

Beim Thema Kfz ging es darum, das Auto in das Betriebsvermögen einzulegen. Ich möchte gern bei diesem Beispiel bleiben – es ist auf jeden anderen Gegenstand übertragbar.
Wenn das Auto in das Betriebsvermögen wechselt, dann ist es Anlagevermögen und wird abgeschrieben. Von welchem Betrag wird abgeschrieben? Sie wissen es sicher noch: Sie müssen festlegen, welchen Wert das Auto zum Zeitpunkt der Einlage hat. Dafür gibt es im Einkommensteuergesetz Bewertungsvorschriften (§ 6 EStG), die durch Richtlinien und Verwaltungsanweisungen ergänzt werden. Das ist recht kompliziert; hier lohnt es sich, wenn Sie sich damit fachlich auseinandersetzen, sobald Sie das konkret vorhaben.
Es gibt den Verkehrswert (im Steuerrecht heißt er dann »Teilwert«). Das ist der Wert, den das Auto am Markt zum Einlagezeitpunkt hat. Dann gibt es den fortgesetzten Wert, d. h. die Anschaffungskosten abzüglich der bis dahin tatsächlich vorgenommenen oder fiktiven Abschreibungsbeträge (fiktiver Buchwert).

Angenommen das Auto (Baujahr 2009) hat einen Wert von 3.000 € und wird am 01.01.2013 in das Betriebsvermögen eingelegt. Von diesem Betrag werden dann die Abschreibungen vorgenommen, wie in Abschnitt 8.2.2. beschrieben. Für die Nutzungsdauer nehmen Sie entweder die Restnutzungsdauer (hier: 3 Jahre) oder die noch geplante Nutzungsdauer (z. B. 5 Jahre, jährliche Abschreibung 600 €).

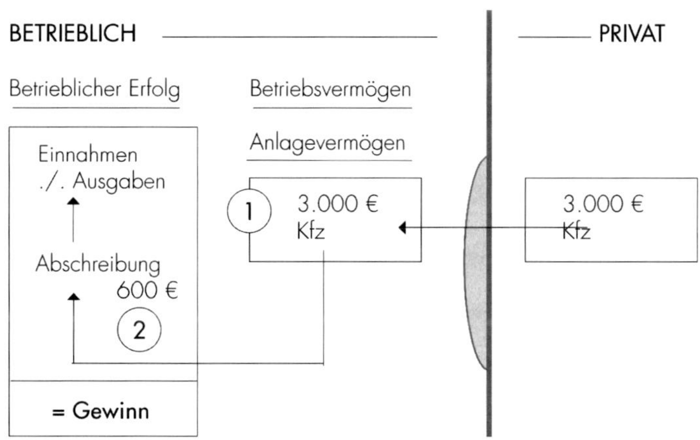

Wie Sie sehen, wirkt sich diese Privateinlage auf den Gewinn bzw. Verlust aus.

8.8.3.2. Privatentnahme von Gegenständen

So wie die Privateinlage wirkt sich auch die Privatentnahme von Gegenständen auf den Gewinn bzw. Verlust aus. Bei der Entnahme von Gegenständen (ob bei einzelnen, vielen oder allen) aus dem Betriebsvermögen kommt es zu einem steuerlichen Phänomen, dem »Aufdecken von stillen Reserven«. Das klingt jetzt sehr trickreich. Dahinter steckt der Gedanke, dass ein Betrieb seinen Wert steigert und diese Wertsteigerung als »Gewinn« versteuert werden muss. Dieses Phänomen wird besonders sichtbar, wenn ganze Betriebe, Betriebsteile oder Gesellschaftsanteile, d. h. Gegenstände von einigem Wertverkauft bzw. aufgelöst werden.

Zurück zum Auto: Was passiert, wenn Sie es wieder Ihrem Privatvermögen zuordnen?
Betriebliche Gegenstände werden in der Regel immer mit ihrem Verkehrswert entnommen. Angenommen das Auto ist am 01.01.2015 noch 2.900 € wert und Sie haben seit dem 01.01.2013 1.200 € (2 x 600 €) abgeschrieben. Dann beträgt am 01.01.2015 der Buchwert 1.800 €.

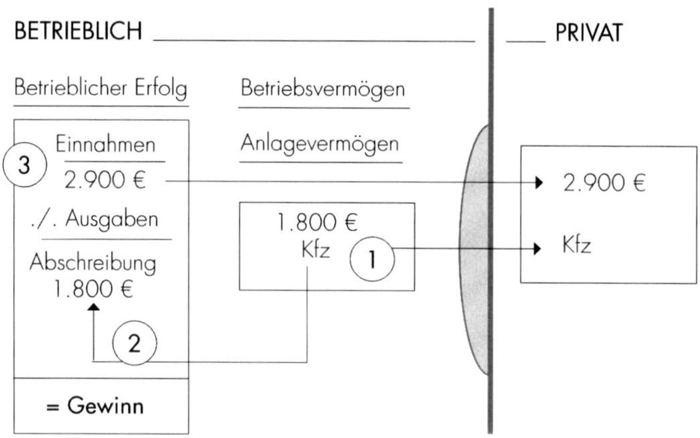

(1) Entnahme des Autos
Das ist der reale Vorgang: Das Auto wird dem Privatvermögen zugeordnet. In der Buchführung muss der Wert des Autos jetzt auf 0 € sinken.

(2) Restwertabschreibung
Der Buchwert von 1.800 € sinkt auf 0 €, weil der Vermögensgegenstand nicht mehr im Betriebsvermögen ist. Es entstehen Betriebsausgaben in Höhe von 1.800 €.

③ Einnahme für den Betrieb

Wenn Sie ein Auto besitzen wollen, müssen Sie es erst kaufen und Geld ausgeben. Derjenige, dem Sie das Auto abkaufen, hat eine Einnahme. Da Sie sich Ihr Auto in unserem Beispiel nicht selbst abkaufen können, müssen Sie die Einnahme verbuchen. Diese Einnahme entsteht durch die Privatentnahme des Vermögensgegenstandes aus dem Betrieb. Wenn Sie dieses Auto woanders kaufen würden, würden Sie auch den Marktpreis bezahlen. Deshalb ist die Einnahme im Betrieb genauso hoch wie der Marktpreis des Autos.

Durch die Entnahme entsteht ein Gewinn von 1.100 € (2.900 €./. 1.800 €) und »stille Reserven« wurden aufgedeckt.

8.8.3.3. Privatentnahme von »Betriebsausgaben«

Wenn Sie privat etwas nutzen, das eine betriebliche Ausgabe war, dann haben Sie Eigenverbrauch. Sie finden dafür auch folgende Bezeichnungen: Eigenentnahme. Nutzungsentnahme, Leistungsentnahme. Ich verwende das Wort »Eigenverbrauch«, weil ich es am schlüssigsten finde. Eigenverbrauch findet dann statt, wenn Sie in Ihrem Betrieb einkaufen gehen, ohne dafür zu bezahlen.
Beim Kfz im Betriebsvermögen löst die private Mitbenutzung in der Buchhaltung Eigenverbrauch aus (1 %-Methode, Fahrtenbuchmethode). Ein weiteres anschauliches Beispiel für solch eine Privatentnahme ist das Telefon. Ist der Anschluss im Betrieb und wird der Rechnungsbetrag vom Geschäftskonto abgebucht, dann ist der private Anteil Eigenverbrauch. Den privaten Anteil schätzen Sie und buchen den prozentualen Anteil als Eigenverbrauch. Das brauchen Sie nur, wenn der private Anteil mehr als 10 % beträgt und nicht von absolut untergeordneter Bedeutung ist.
Wenn Sie Waren des täglichen Verbrauchs einkaufen und entweder im Betrieb verwenden (z. B. als Kosmetikerin) oder verkaufen (z. B. Lebensmittel), dann schreiben Sie das auf, was Sie für Ihren privaten Bedarf entnehmen, bewerten es mit dem Einkaufspreis und buchen in dieser Höhe Eigenverbrauch.
Wenn Sie Eigenverbrauch buchen und umsatzsteuerpflichtig sind, müssen Sie noch Mehrwertsteuer von 19 % hinzurechnen, wenn Sie bei den Ausgaben die Vorsteuer abgezogen haben.

8.8.3.4. Privateinlage von Betriebsausgaben

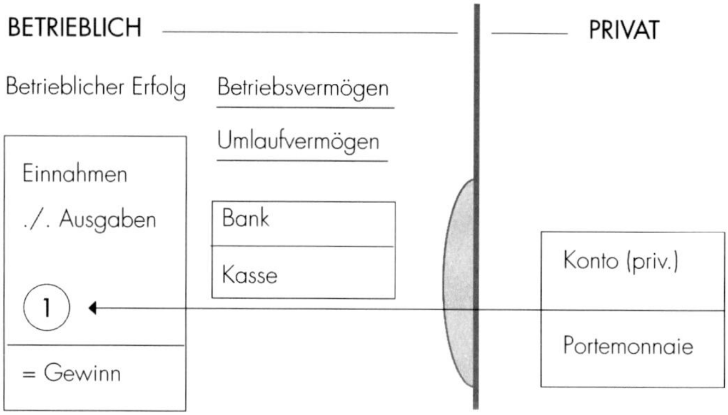

Wenn Sie aus Ihrem privaten Geldtopf Ausgaben bestreiten, die Betriebsausgaben sind, dann ist das eine Privateinlage. Das kommt z. B. vor, wenn Sie unterwegs Briefmarken kaufen und Ihr privates Portemonnaie zücken. In der Buchführung heißt es dann:

Porto 145 € privat bezahlt (siehe Abschnitt 7.2.2.)

Das häusliche Arbeitszimmer z. B. verursacht Betriebsausgaben. Der Geldfluss findet auf der privaten Ebene statt. Das ist eine typische Privateinlage von Betriebsausgaben. Oder die Kilometerpauschale. Das Auto befindet sich im Privatvermögen, und die tatsächlichen Kfz-Kosten sind private Ausgaben. Die Kilometerpauschale ist eine Betriebsausgabe, bei der das Geld privat geflossen ist.

9. Die Umsatzsteuer

Die Umsatzsteuer kennen wir als Verbraucherinnen. Sie begegnet uns im Gewand der Mehrwertsteuer (MwSt). Mehrwertsteuer ist nur ein anderes Wort für Umsatzsteuer.
Als Verbraucherinnen sind wir gewohnt, die Mehrwertsteuer zu zahlen, und achten wenig bis gar nicht auf den Nettobetrag. Wir geben die Mehrwertsteuer einfach mit aus.

Als Selbständige sieht die Sache mit der Mehrwertsteuer nicht so einfach aus. Hier sind Sie dafür verantwortlich, diese einzunehmen und richtig auszuweisen Bei jeder Ausgabe müssen Sie sich fragen: Ist Mehrwertsteuer enthalten und darf ich diese von meiner eingenommenen Umsatzsteuer abziehen? Dieser Vorgang des »Abziehens« nennt sich Vorsteuerabzugsberechtigung. Denn die Mehrwertsteuer, die wir als Unternehmerin ausgeben, heißt »Vorsteuer«.
Die Grundlage für die Umsatzsteuer ist das Umsatzsteuergesetz (UStG). Dort ist geregelt, wer wann und wie umsatzsteuerpflichtig ist.
Das Umsatzsteuerrecht ist extrem kompliziert. Ich gebe hier nur die wichtigsten Grundzüge wieder und kann die Beratung im Einzelfall nicht ersetzen.

9.1. Wie hoch ist die Umsatzsteuer?

Der allgemeine Umsatzsteuersatz liegt zurzeit bei 19 %, der ermäßigte Umsatzsteuersatz beträgt 7 % auf den eingenommenen Nettobetrag (Entgelt).
Wenn Ihre Kundin z. B. für einen Yogakurs 100 € bezahlt hat, dann setzt sich dieser aus dem Nettobetrag (100 %) und der Umsatzsteuer (19 %) zusammen. Die gezahlten 100 € entsprechen also 119 % (Nettobetrag plus Umsatzsteuer).
Wenn Sie Bruttoeinnahmen erfasst haben und auf den Nettobetrag kommen möchten, dann wenden Sie folgende Formel an:

Bruttoeinnahme	:	1,19	= Nettoeinnahme
100 €	:	1,19	= 84,03 €

Wenn Sie die Mehrwertsteuer berechnen wollen, dann gehen Sie folgendermaßen vor:

Nettoeinnahme	x	0,19	= Mehrwertsteuer
84,03 €	x	0,19	= 15,97 €

Wenn Sie den Bruttobetrag und den Nettobetrag kennen, können Sie auch rechnen:

Bruttoeinnahme	- Nettoeinnahmen	= Mehrwertsteuer
100 €	- 84,03 €	= 15,97 €

9.2. Was ist umsatzsteuerpflichtig?

Umsatzsteuerpflichtig sind alle Lieferungen und Leistungen, die ein_e Unternehmer_in im Rahmen ihres Unternehmens im Inland gegen Entgelt ausführt (§ 1 UStG).

9.3. Wer ist umsatzsteuerpflichtig?

Umsatzsteuerpflichtig sind Unternehmen (§ 2 UStG). Unternehmen sind diejenigen, die Einnahmenerzielungsabsicht haben und anderen Waren oder Dienstleistungen gegen Entgelt anbieten. Wer jetzt denkt, Tauschen sei kein Entgelt, der irrt. Auch der Tausch (sogar mit sogenannter Bargeldaufgabe) ist im Umsatzsteuergesetz geregelt. Denn auch beim Tausch erhalten Sie für die Ware oder Dienstleistung einen Gegenwert. Dieser Gegenwert ist dann das Entgelt. Deshalb sind vor Jahren Tauschringe ins Visier des Finanzamtes geraten.

Wer angestellt arbeitet und entweder einen Minijob hat oder einer sozialversicherungspflichtigen Tätigkeit nachgeht, ist kein_e Unternehmer_in im Sinne des Umsatzsteuergesetzes und diese Einnahmen unterliegen nicht der Umsatzsteuer! Rufen Sie sich den dicken Trennstrich in Erinnerung!

BETRIEBLICH	PRIVAT
Umsatzsteuer	Einnahmen aus angestellter Tätigkeit

9.4. Im Inland oder im Ausland?

In der Regel werden Leistungen und Lieferungen innerhalb von Deutschland erbracht. Sollte es bei Ihnen vorkommen, dass Sie im Ausland (sogenanntes Drittland) oder innerhalb der Europäischen Union Waren oder Dienstleistungen einkaufen oder selbst Waren oder Dienstleistungen anbieten, so machen Sie sich an dieser Stelle ein dickes Ausrufezeichen! Sie benötigen für diesen Fall sicher steuerliche Beratung oder Sie finden es selbst heraus.

Es gibt in den §§ 3 ff UStG eine ganze Reihe von Ortsbestimmungen für diverse Lieferungen und Leistungen mit vielen Ausnahmeregelungen. Innerhalb Europas ist das System mittlerweile schon sehr ausgeklügelt und vorangeschritten. Für diese Fälle gibt es die Umsatztsteuer-ID-Nummer.

Es werden folgende zwei Grundfälle unterschieden:

1) Eine Unternehmerin verkauft an Privatleute (sogenannte B2C-Umsätze: Business to Customer)
2) Eine Unternehmerin verkauft an Unternehmen (sogenannte B2B-Umsätze: Business to Business)

Dort, wo sich nun der »umsatzsteuerliche« Ort (Land) befindet, wird die Umsatzsteuer fällig. Liegt dieser Ort in Deutschland, sind die entsprechenden Warenlieferungen oder Dienstleistungen in Deutschland mit zurzeit 19 % umsatzsteuerpflichtig. Liegt der umsatzsteuerliche Ort in der Europäischen Union, werden diese Waren oder Dienstleistungen in diesem Land mit dem jeweils gültigen Mehrwertsteuersatz fällig. Erbringen Sie diese Waren oder Dienstleistungen einem anderen Unternehmen, so ist in der Regel dieses Unternehmen dafür verantwortlich, die Mehrwertsteuer in dem jeweiligen Land abzuführen. In diesem Fall geben beide Unternehmen auf der Rechnung ihre USt-ID-Nr. an und weisen keine Mehrwertsteuer aus.
Übertragen würde das heißen: Kaufen Sie im Europäischen Ausland Waren für Ihr Unternehmen ein und geben dem betreffenden Unternehmen Ihre USt-ID-Nr., dann müssen Sie hier in Deutschland dafür Umsatzsteuer bezahlen. Arbeitet eine europäische Unternehmerin für Sie hier in Deutschland, müssen Sie genauso die Umsatzsteuer dafür in Deutschland abführen.
Dieses Verfahren nennt sich Reverse-Charge-Verfahren. Also nicht diejenige, die die Einnahme verbucht, sondern umgekehrt die, die einkauft, muss dafür- die Umsatzsteuer berappen. Allerdings können Sie in den meisten Fällen diese Umsatzsteuer auch gleich wieder als Vorsteuer abziehen. Eine Idee in den Steuer-»Vereinfachungsplänen« der Vergangenheit war auch einmal, prinzipiell die Umsatzsteuerverpflichtung umzukehren auf diejenigen Unternehmen, die einkaufen …

9.5. Vorsteuer abziehen

Sie erinnern sich: Die Vorsteuer ist die Mehrwertsteuer, die in den Betriebsausgaben enthalten ist. Die Vorsteuer mindert in der Summe Ihre Umsatzsteuerzahllast. Deshalb sind andere Unternehmen erpicht darauf, dass in den Rechnungen Mehrwertsteuer ausgewiesen ist. Das Finanzamt ist mit dem Vorsteuerabzug sehr genau, denn der Staat ist vor allem an seinen Einnahmen (der Umsatzsteuer) interessiert und ist beim Vorsteuerabzug recht streng.

Die Rechnung (bzw. der Beleg), aus der Sie die Vorsteuer abziehen möchten, muss folgende Angaben enthalten (§ 14 Abs. 4 UStG):

- Vollständiger Name und vollständige Anschrift Ihres Unternehmens
- Vollständiger Name und vollständige Anschrift der Kundin
- Ausstellungsdatum
- Zeitpunkt der Lieferung oder Leistung
- Menge und Bezeichnung der Waren oder Dienstleistungen
- Auf die Nettobeträge anzuwendender Steuersatz (z. B. 19 %, 7 %, 0 %)
- Nach Umsatzsteuersätzen aufgeschlüsselte Nettobeträge, die darauf entfallenden Umsatzsteuerbeträge, die jeweiligen Bruttobeträge und der Gesamtrechnungsbetrag. Rechnungen von UnternehmerInnen, die von der Umsatzsteuer befreit sind, müssen einen Hinweis auf den Grund der Umsatzsteuerbefreiung enthalten (»Der Rechnungsbetrag ist umsatzsteuerfrei nach § … UStG.« z. B. nach § 4 Nr. 14a UStG für Heilpraktikerinnen oder nach § 19 UStG für Kleinunternehmerinnen oder nach § 13b UStG für Bauleistungen zwischen Bauunternehmen).
- Angabe der vom Finanzamt erteilten Steuernummer oder der USt-Identifikationsnummer
- Fortlaufende, unverwechselbare Rechnungsnummer
- Den Hinweis: »Diese Rechnung ist zwei Jahre lang aufzubewahren« nur bei Rechnungen an Privatpersonen, die Lieferungen und/oder Leistungen in Zusammenhang mit einem Grundstück erhalten haben wie z. B. Bauleistungen, Reparaturen, Reinigung, Garten etc.

Verwenden Sie diese Liste, um die Angaben auf Ihrer Rechnung zu überprüfen und erforderlichenfalls zu ergänzen.

Die Liste dieser Angaben auf Rechnungen gilt nur für den Vorsteuerabzug. Sollten Ihre Waren oder Dienstleistungen nicht umsatzsteuerpflichtig sein, können Sie großzügiger mit den Angaben auf Ihrer Rechnung bzw. Quittung umgehen. Arbeiten Sie für andere Unternehmer_innen, ist es ratsam, dem Anforderungskatalog ohne Wenn und Aber zu folgen. Ist eine Rechnung nicht richtig ausgestellt, kann die Empfängerin eine korrekte Rechnung verlangen. Noch ärgerlicher wäre, wenn aus diesem Grund der Rechnungsbetrag nicht so schnell beglichen wird.

Für Kleinbetragsrechnungen (unter 150 €) sind nur folgende Angaben notwendig (§ 33 UStDV):

- Vollständiger Name und vollständige Anschrift Ihres Unternehmens
- Ausstellungsdatum
- Zeitpunkt des Verkaufs der Lieferung oder Leistung
- Menge und Bezeichnung der Waren oder Dienstleistungen
- Steuersätze (z. B. 19 %, 7 %, 0 %)
- Gesamtrechnungsbetrag

Die Devise für Sie lautet: Nur, wenn Mehrwertsteuer ausgewiesen ist, ist auch welche drin und Sie können die Vorsteuer verbuchen!

9.6. Elektronische Rechnung und Vorsteuerabzug

Für den Vorsteuerabzug kann auch eine elektronische Rechnung vorliegen, allerdings müssen Sie diese auf einem nicht wiederbeschreibbaren Datenträger derart speichern, dass eine nachträgliche Änderung nicht möglich ist. Auch hier gelten die Bedingungen der Lesbarkeit und Unveränderbarkeit. Sie sollten die Rechnung außerdem ausgedruckt in Ihren Unterlagen haben. Ein sogenannter innerbetrieblicher Prüfpfad muss nachgewiesen werden.

9.7. Was ist überhaupt eine Rechnung?

Umgangssprachlich verstehen wir unter Rechnung eine Aufforderung, eine Lieferung oder Leistung per Überweisung zu bezahlen. Im Sinne des Umsatzsteuergesetzes ist eine Rechnung »ein Stück Papier, auf dem über eine Lieferung oder Leistung abgerechnet wird.« Das bedeutet, dass auch eine Quittung, eine Teilnahmebescheinigung oder eine Abrechnung eine Rechnung darstellen. Auf einer Rechnung, die eine Gutschrift ist, muss »Gutschrift« stehen.

9.8. Die Umsatzsteuervoranmeldung

Die von Ihnen eingenommene Umsatzsteuer und die Vorsteuer, die Sie ausgegeben haben und abziehen dürfen, müssen Sie dem Finanzamt einerseits melden (Umsatzsteuervoranmeldung) und andererseits zahlen. Eine Einzugsermächtigung ist sinnvoll, damit Sie den Zahlungstermin nicht verpassen.
Die Umsatzsteuervoranmeldung geschieht immer auf dem Stand der laufenden Buchführung. Durch Buchungsfehler oder durch nachträgliche Buchungen können sich Differenzen ergeben. Sind diese Differenzen innerhalb eines Jahres erheblich, geben Sie eine korrigierte Umsatzsteuervoranmeldung ab. Ansonsten werden diese Differenzen mit der Umsatzsteuererklärung, die Sie für das gesamte Jahr abgeben müssen, ausgeglichen.

Abgabetermine

Die Umsatzsteuervoranmeldung geben Sie in der Regel quartalsweise bis zum 10. des Folgemonats ab:

bis zum 10.04. für das 1. Quartal,
bis zum 10.07. für das 2. Quartal,
bis zum 10.10. für das 3. Quartal und
bis zum 10.01. für das 4. Quartal.

Die Umsatzsteuervoranmeldung müssen Sie monatlich abgeben, wenn im Vorjahr die Umsatzsteuerzahlungen 7.500 € überschritten haben. Wenn Ihre Umsatzsteuerzahlung im Vorjahr unter 1.000 € lag, geben Sie lediglich die Umsatzsteuererklärung ab.
Wer neu gegründet hat und umsatzsteuerpflichtig ist, muss die Umsatzsteuervoranmeldung in den ersten zwei Jahren monatlich abgeben.

Sie können eine Dauerfristverlängerung beantragen, dann haben Sie einen Monat länger Zeit. Geben Sie monatlich eine Umsatzsteuervoranmeldung ab, müssen Sie zusätzlich eine Sondervorauszahlung leisten, die mit der Dezemberanmeldung verrechnet wird.

Inhalt
Die Umsatzsteuervoranmeldung enthält Ihre Nettoeinnahmen im entsprechenden Zeitraum, die Sie mit 19 % versteuern müssen, und zusätzlich ggf. Ihre Nettoeinnahmen, die Sie mit 7 % versteuern müssen. Sie werden getrennt voneinander addiert, und daraus werden 19 % bzw. 7 % Mehrwertsteuer berechnet:

Bruttoeinnahmen	Nettoeinnahmen	Mehrwertsteuersatz	Mehrwertsteuer
2.546 €	**2.139,49 €**	19 %	406,41 €
350 €	**327,10 €**	7 %	22,90 €
Eingenommene Umsatzsteuer			**+ 429,31 €**
In den Rechnungen enthaltene Vorsteuer			**./. 182,23 €**
An das Finanzamt zu zahlende Differenz			**= 247,08 €**

- Bitte weiße Felder ausfüllen oder ☒ ankreuzen, Anleitung beachten -

Fallart	Steuernummer	Unterfallart
11	201/56380102	56

2013

30 Eingangsstempel oder -datum

Finanzamt

Euskirchen

Thomas-Mann-Str. 2

53879 Euskirchen

Unternehmer – ggf. abweichende Firmenbezeichnung – Anschrift – Telefon – E-Mail-Adresse

Gerti Maulwurf
Fliederbusch
Hügelweg 8
12345 Goldstadt

Umsatzsteuer-Voranmeldung 2013

Voranmeldungszeitraum

bei **monatlicher** Abgabe bitte ankreuzen / bei **vierteljährlicher** Abgabe bitte ankreuzen

13 01	Jan.		13 07	Juli		13 41	I. Kalendervierteljahr	X
13 02	Feb.		13 08	Aug.		13 42	II. Kalendervierteljahr	
13 03	März		13 09	Sept.		13 43	III. Kalendervierteljahr	
13 04	April		13 10	Okt.		13 44	IV. Kalendervierteljahr	
13 05	Mai		13 11	Nov.				
13 06	Juni		13 12	Dez.				

Berichtigte Anmeldung (falls ja, bitte eine „1" eintragen) — 10

Belege (Verträge, Rechnungen, Erläuterungen usw.) sind beigefügt bzw. werden gesondert eingereicht (falls ja, bitte eine „1" eintragen) — 22

I. Anmeldung der Umsatzsteuer-Vorauszahlung

Lieferungen und sonstige Leistungen (einschließlich unentgeltlicher Wertabgaben)	Kz	Bemessungsgrundlage ohne Umsatzsteuer volle EUR	Kz	Steuer EUR	Ct
Steuerfreie Umsätze mit Vorsteuerabzug					
Innergemeinschaftliche Lieferungen (§ 4 Nr. 1 Buchst. b UStG) an Abnehmer **mit** USt-IdNr.	41				
neuer Fahrzeuge an Abnehmer **ohne** USt-IdNr.	44				
neuer Fahrzeuge außerhalb eines Unternehmens (§ 2a UStG)	49				
Weitere steuerfreie Umsätze mit Vorsteuerabzug (z.B. **Ausfuhrlieferungen**, Umsätze nach § 4 Nr. 2 bis 7 UStG)	43				
Steuerfreie Umsätze ohne Vorsteuerabzug Umsätze nach § 4 Nr. 8 bis 28 UStG	48				
Steuerpflichtige Umsätze (Lieferungen und sonstige Leistungen einschl. unentgeltlicher Wertabgaben)					
zum Steuersatz von 19 %	81	2.139		406	41
zum Steuersatz von 7 %	86	327		22	89
zu anderen Steuersätzen	35		36		
Lieferungen land- und forstwirtschaftlicher Betriebe nach § 24 UStG an Abnehmer **mit** USt-IdNr.	77				
Umsätze, für die eine Steuer nach § 24 UStG zu entrichten ist (Sägewerkserzeugnisse, Getränke und alkohol. Flüssigkeiten, z.B. Wein)	76		80		
Innergemeinschaftliche Erwerbe					
Steuerfreie innergemeinschaftliche Erwerbe Erwerbe nach §§ 4b und 25c UStG	91				
Steuerpflichtige innergemeinschaftliche Erwerbe zum Steuersatz von 19 %	89				
zum Steuersatz von 7 %	93				
zu anderen Steuersätzen	95		98		
neuer Fahrzeuge von Lieferern **ohne** USt-IdNr. zum allgemeinen Steuersatz	94		96		
Ergänzende Angaben zu Umsätzen					
Lieferungen des ersten Abnehmers bei **innergemeinschaftlichen Dreiecksgeschäften** (§ 25b Abs. 2 UStG)	42				
Steuerpflichtige Umsätze, für die der **Leistungsempfänger** die **Steuer nach § 13b Abs. 5 Satz 1 i.V.m. Abs. 2 Nr. 10 UStG schuldet**	68				
Übrige steuerpflichtige Umsätze, für die der **Leistungsempfänger** die **Steuer nach § 13b Abs. 5 UStG schuldet**	60				
Nicht steuerbare sonstige Leistungen gem. § 18b Satz 1 Nr. 2 UStG	21				
Übrige nicht steuerbare Umsätze (Leistungsort nicht im Inland)	45				
Übertrag		zu übertragen in Zeile 45		429	30

– 2 –

Steuernummer: 201/56380102

	Kz	Bemessungsgrundlage ohne Umsatzsteuer volle EUR	Kz	Steuer EUR	Ct
Übertrag				429	30
Leistungsempfänger als Steuerschuldner (§ 13b UStG)					
Im Inland steuerpflichtige sonstige Leistungen eines im übrigen Gemeinschaftsgebiet ansässigen Unternehmers (§13b Abs. 1 UStG)	46		47		
Andere Leistungen eines im Ausland ansässigen Unternehmers (§ 13b Abs. 2 Nr. 1 und 5 UStG)	52		53		
Lieferungen sicherungsübereigneter Gegenstände und Umsätze, die unter das GrEStG fallen (§ 13b Abs. 2 Nr. 2 und 3 UStG)	73		74		
Lieferungen von Mobilfunkgeräten und integrierten Schaltkreisen (§ 13b Abs. 2 Nr. 10 UStG)	78		79		
Andere Leistungen eines im Inland ansässigen Unternehmers (§ 13b Abs. 2 Nr. 4 und 6 bis 9 UStG)	84		85		
Steuer infolge Wechsels der Besteuerungsform sowie Nachsteuer auf versteuerte Anzahlungen u. ä. wegen Steuersatzänderung			65		
Umsatzsteuer				429	30
Abziehbare Vorsteuerbeträge					
Vorsteuerbeträge aus Rechnungen von anderen Unternehmern (§ 15 Abs. 1 Satz 1 Nr. 1 UStG), aus Leistungen im Sinne des § 13a Abs. 1 Nr. 6 UStG (§ 15 Abs. 1 Satz 1 Nr. 5 UStG) und aus innergemeinschaftlichen Dreiecksgeschäften (§ 25b Abs. 5 UStG)			66	182	23
Vorsteuerbeträge aus dem innergemeinschaftlichen Erwerb von Gegenständen (§ 15 Abs. 1 Satz 1 Nr. 3 UStG)			61		
Entstandene Einfuhrumsatzsteuer (§ 15 Abs. 1 Satz 1 Nr. 2 UStG)			62		
Vorsteuerbeträge aus Leistungen im Sinne des § 13b UStG (§ 15 Abs. 1 Satz 1 Nr. 4 UStG)			67		
Vorsteuerbeträge, die nach allgemeinen Durchschnittssätzen berechnet sind (§§ 23 und 23a UStG)			63		
Berichtigung des Vorsteuerabzugs (§ 15a UStG)			64		
Vorsteuerabzug für innergemeinschaftliche Lieferungen neuer Fahrzeuge außerhalb eines Unternehmens (§ 2a UStG) sowie von Kleinunternehmern im Sinne des § 19 Abs. 1 UStG (§ 15 Abs. 4a UStG)			59		
Verbleibender Betrag				247	07
Andere Steuerbeträge					
In Rechnungen unrichtig oder unberechtigt ausgewiesene Steuerbeträge (§ 14c UStG) sowie Steuerbeträge, die nach § 4 Nr. 4a Satz 1 Buchst. a Satz 2, § 6a Abs. 4 Satz 2, § 17 Abs. 1 Satz 6 oder § 25b Abs. 2 UStG geschuldet werden			69		
Umsatzsteuer-Vorauszahlung/Überschuss				247	07
Anrechnung (Abzug) der festgesetzten **Sondervorauszahlung** für Dauerfristverlängerung (nur auszufüllen in der letzten Voranmeldung des Besteuerungszeitraums, in der Regel Dezember)			39		
Verbleibende Umsatzsteuer-Vorauszahlung (bitte in jedem Fall ausfüllen) **Verbleibender Überschuss** - bitte dem Betrag ein Minuszeichen voranstellen -			83	247	07

II. Sonstige Angaben und Unterschrift

Ein Erstattungsbetrag wird auf das dem Finanzamt benannte Konto überwiesen, soweit der Betrag nicht mit Steuerschulden verrechnet wird.

Verrechnung des Erstattungsbetrags erwünscht/ Erstattungsbetrag ist abgetreten (falls ja, bitte eine „1" eintragen) — **29** [ ]

Geben Sie bitte die Verrechnungswünsche auf einem besonderen Blatt an oder auf dem beim Finanzamt erhältlichen Vordruck „Verrechnungsantrag".

Die **Einzugsermächtigung** wird ausnahmsweise (z.B. wegen Verrechnungswünschen) für diesen Voranmeldungszeitraum **widerrufen** (falls ja, bitte eine „1" eintragen) — **26** [ ]

Ein ggf. verbleibender Restbetrag ist gesondert zu entrichten.

Hinweis nach den Vorschriften der Datenschutzgesetze:
Die mit der Steueranmeldung angeforderten Daten werden auf Grund der §§ 149 ff. der Abgabenordnung und der §§ 18, 18b des Umsatzsteuergesetzes erhoben. Die Angabe der Telefonnummern und der E-Mail-Adressen ist freiwillig.

Bei der Anfertigung dieser Steueranmeldung hat mitgewirkt:
(Name, Anschrift, Telefon, E-Mail-Adresse)

Datum, Unterschrift

- nur vom Finanzamt auszufüllen -

11		19	
		12	

Bearbeitungshinweis

1. Die aufgeführten Daten sind mit Hilfe des geprüften und genehmigten Programms sowie ggf. unter Berücksichtigung der gespeicherten Daten maschinell zu verarbeiten.
2. Die weitere Bearbeitung richtet sich nach den Ergebnissen der maschinellen Verarbeitung.

Datum, Namenszeichen

Kontrollzahl und/oder Datenerfassungsvermerk

Elektronische Abgabe

Die Umsatzsteuervoranmeldung müssen Sie elektronisch abgeben. Das können Sie mit dem Programm ELSTER erledigen, dem kostenlosen Steuererklärungsprogramm der Finanzverwaltung. Die meisten Buchführungsprogramme beherrschen es auch. ELSTER erfordert jedoch von Zeit zu Zeit ein Update, und wenn dieses in ein Buchführungsprogramm eingepflegt werden muss, ist das Update meist kostenpflichtig.

Wenn es für Sie persönlich oder sachlich eine unzumutbare Härte bedeutet, die Erklärung elektronisch abzugeben, dann dürfen Sie einen Antrag stellen, die Umsatzsteuervoranmeldung weiterhin auf dem Papier abgeben zu dürfen. Wenn Sie die Voranmeldung auf dem Papier abgeben, dann gilt dies als Antrag.

So konnte man z. B. mit einem Mac das Programm ELSTER nicht bedienen, da ELSTER bislang nur auf PC ausgelegt war. Oder es kann passieren, dass Sie das aktuelle Update Ihres Buchführungsprogramms nicht erworben haben. Dann geben Sie die Erklärung auf dem Papier ab.

9.9. Die Umsatzsteuererklärung

Bis zum 31.05. des Folgejahres müssen Sie eine Umsatzsteuererklärung für das gesamte Vorjahr abgeben. Eine Umsatzsteuererklärung geben Sie auch dann ab, wenn Ihre Vorjahreszahlung unter 1.000 € lag. Darüber werden Sie schriftlich vom Finanzamt informiert.

Die Umsatzsteuererklärung funktioniert letztendlich genauso wie die Umsatzsteuervoranmeldungen, außer dass Sie die für das Jahr bereits gezahlte und erstattete Umsatzsteuer von der gesamten zu zahlenden Umsatzsteuer abziehen. Es entsteht (meist) eine kleine Differenz, die Sie entweder nachzahlen müssen (innerhalb eines Monats nach Abgabe der Erklärung) oder vom Finanzamt erstattet bekommen.

Die Umsatzsteuererklärung geben Sie seit 2012 ebenfalls elektronisch ab. Sie können einen Antrag auf Abgabe in Papierform stellen, wenn der elektronische Weg für Sie eine persönliche oder sachliche Unzumutbarkeit wäre.

Wenn Sie Kleinunternehmer_in sind und/oder Ihre Einnahmen umsatzsteuerfrei bleiben, müssen Sie die Umsatzsteuererklärung auch abgeben. So will es das Gesetz. Manche Finanzämter sind an dieser Stelle kulant und bestehen nicht auf einer Umsatzsteuererklärung.

9.10. Ausnahmen

9.10.1. Kleinunternehmer_innenregelung (§ 19 UStG)

Diesen ganzen Aufwand brauchen Sie nicht zu betreiben, wenn Sie Kleinunternehmer_in sind. Dann verzichten Sie darauf, die Mehrwertsteuer auszuweisen, und führen auch keine an das Finanzamt ab. Sie sind dann auch nicht vorsteuerabzugsberechtigt.
Wenn Sie Kleinunternehmerin im Sinne des Umsatzsteuergesetzes sind, dann dürfen Sie keine Mehrwertsteuer ausweisen. Ist es Ihnen schon einmal passiert, dass Sie gebeten wurden, die Mehrwertsteuer auszuweisen?
Tun Sie das wirklich nur, wenn Sie umsatzsteuerpflichtig sind oder es in den nächsten fünf Jahren werden wollen! Sind Sie Kleinunternehmerin und wollen es bleiben, dann ist es wichtig, dass Sie nicht so etwas denken wie: »Die andere Person wird es schon wissen, ich hab von Steuern ja nicht so viel Ahnung.« So viel Ahnung brauchen Sie. Ermitteln Sie Ihren umsatzsteuerlichen Status. Allein das ist entscheidend.

Natürlich ist die Kleinunternehmer_innenregelung an Grenzen gebunden. Sie können nicht beliebig Kleinunternehmer_in sein. Kleinunternehmerin sind Sie, wenn Ihre umsatzsteuerpflichtigen Gesamteinnahmen im vorangegangenen Jahr unter 17.500 € lagen und voraussichtlich im laufenden Jahr 50.000 € nicht überschreiten werden. Bei dieser Berechnung lassen Sie die umsatzsteuerfreien Einnahmen außen vor.
Entscheidend ist in den meisten Fällen der erste Teil dieser Voraussetzung. Lagen Ihre umsatzsteuerpflichtigen Einnahmen im Vorjahr über 17.500 €, sind Sie im laufenden Jahr umsatzsteuerpflichtig. Die 50.000 €-Grenze ist nur entscheidend, wenn Sie die 17.500 €-Grenze nicht überschritten haben, Ihre Auftragsbücher im Januar zu Beginn des laufenden Jahres aber so voll sind, dass Sie die 50.000 €-Grenze überschreiten werden. Dann sind Sie im laufenden Jahr nicht mehr Kleinunternehmer_in sondern umsatzsteuerpflichtig.
Stellt sich erst im Lauf des Jahres heraus, dass Ihre Einnahmen über 50.000 € liegen werden, dann werden Sie nicht mehr für das laufende Jahr umsatzsteuerpflichtig, sondern erst im darauf folgenden.

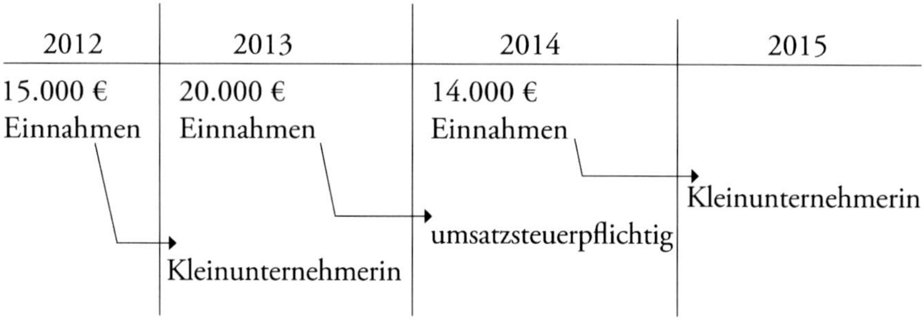

Allerdings müssen Sie aufpassen: Ihre gesamte unternehmerische Tätigkeit (im Sinne des Umsatzsteuergesetzes) bezieht sich auf alle Betriebe, die Sie haben: Vermietung und Verpachtung z. B. zählt als unternehmerische Tätigkeit. Der Betrieb einer Photovoltaikanlage und die Einnahmen aus der Stromlieferung zählen dazu, wenn die unternehmerische Einheit – in diesem Fall Ihre Person – identisch ist. Selbst wenn Sie auf den Gedanken kämen: »Dann trenne ich eben in zwei Betriebe«, zählen die Einnahmen aus beiden Betrieben zusammen.

Achtung: Den Wechsel Ihres umsatzsteuerlichen Status müssen Sie selbst in die Hand nehmen, das Finanzamt wird Sie nicht auffordern. Sind Sie Kleinunternehmer_in, so behalten Sie bitte Ihre Einnahmen im Lauf eines Jahres im Auge. Werden Sie die 17.500 € überschreiten, dann bereiten Sie sich auf die Umsatzsteuerpflicht vor: Kalkulieren Sie Ihre Preise und erhöhen Sie sie ggf. um die 19 %. Mehrwertsteuer. Können Sie sich das nicht leisten? Ich verrate Ihnen was: Die Umsatzsteuer aus Ihren Einnahmen zu bestreiten, werden Sie sich auch nicht leisten können. Ihre KundInnen werden Ihnen die Erhöhung nicht gerade danken, allerdings bringen viele Verständnis dafür auf, dass Sie jetzt Steuern zahlen müssen.
Bemerken Sie den Wechsel Ihres umsatzsteuerlichen Status nicht, dann werden Sie die Umsatzsteuer aus eigener Tasche zahlen müssen. Bei Umsätzen um die 20.000 € können das schnell mal 3.000 € werden. Die wenigsten können dieses Geld locker erübrigen. Gefährlich wird es auch, wenn Sie denken: »Ich habe ja eine Steuerberaterin.« Wenn diese Ihre Unterlagen erst im Folgejahr bekommt, dann kann sie Sie auch nicht mehr langfristig und gut auf die Umsatzsteuerpflicht vorbereiten. Auch dann sind Sie bereits umsatzsteuerpflichtig. Deshalb achten Sie unbedingt auf die Höhe Ihrer laufenden Einnahmen!

Option auf Umsatzsteuerpflicht (Ausnahme von der Ausnahme)
Sind Sie Ihren Einnahmen nach Kleinunternehmer_in und möchten das nicht sein, weil das keinen guten Eindruck auf Ihre Kundschaft macht oder weil Sie viel investiert haben? Dann können Sie die Option auf Umsatzsteuerpflicht wahrnehmen und das ganze Prozedere mit der Umsatzsteuer freiwillig mitmachen. Daran sind Sie allerdings fünf Jahre gebunden und können dann nicht mehr aus der Umsatzsteuerpflicht heraus, auch wenn Ihre Einnahmen unter die Kleinunternehmer_innenregel fallen.

9.10.2. Umsatzsteuerfreie Einnahmen (§ 4 UStG)

Es gibt Lieferungen und Leistungen, die von der Umsatzsteuer befreit sind. Ich werde hier nicht alle Befreiungsvorschriften zitieren, sondern nur die meiner Ansicht nach wichtigsten und diese auch nicht in ihrer gesamten gesetzlichen Tiefe.

Wichtig: Sie müssen die Umsatzsteuerfreiheit gegenüber dem Finanzamt nachweisen und durch Beratung oder Klärung mit dem Finanzamt sicherstellen, dass Ihre Lieferungen bzw. Leistungen umsatzsteuerfrei sind.

§ 4 Nr. 12 UStG
Vermietung und Verpachtung von Grundstücken, Wohnungen, Gebäuden. Auch die Untervermietung ist umsatzsteuerfrei. Vorsicht ist jedoch geboten bei der Mitvermietung von Betriebsvorrichtungen, diese sind in der Regel umsatzsteuerpflichtig.

§ 4 Nr. 14a UStG
Heilbehandlungen am Menschen durch Ärztinnen, Heilpraktikerinnen, Physiotherapeutinnen (Achtung: nur auf Verordnung von einer Ärztin oder einem Arzt bzw. HeilpraktikerIn). Gruppentherapien sind auch Heilbehandlungen. Ihre Aufmerksamkeit ist bei allen Angeboten gefordert, die keine Heilbehandlung sind. Eine sehr weitgehende Umsatzsteuerbefreiung haben die Leistungen der Hebammen.

§ 4 Nr. 16 UStG
Leistungen der Pflege im weitesten Sinn für kranke, behinderte und in der Alltagskompetenz eingeschränkte Personen. Diese Vorschrift ist eng an das Sozialgesetzbuch geknüpft. Übernehmen Träger der Sozialhilfe die Kosten, gibt es

auch Erleichterungen. So zum Beispiel beim ambulant betreuten Wohnen. Die gesetzlichen Betreuungen nach dem BGB (Berufsbetreuer_innen) fallen bislang (noch) nicht unter diese Regelung.

§ 4 Nr. 21 UStG
Schul- und Hochschulunterricht sowie der Unterricht zur Berufsausbildung. Diese Regelung ist sehr weitreichend, v. a. für die Erwachsenenbildung und Ausbildung, wenn von der zuständigen Landesbehörde eine Bescheinigung vorliegt, dass der Unterricht ordnungsgemäß durchgeführt wird.

§ 4 Nr. 22 UStG
Vorträge, Kurse und andere Veranstaltungen belehrender Art, die von Volkshochschulen und eingetragenen Vereinen durchgeführt werden. Hier sind nur die Einrichtungen befreit, nicht diejenigen, die diese Art der Veranstaltungen durchführen (Dozent_innen, Lehrer_innen).

§ 4 Nr. 25 UStG
Die Leistungen der Kinder- und Jugendhilfe öffentlicher und freier Träger sowie deren Auftragnehmer_innen, welche Leistungen gegenüber den Kindern, Jugendlichen und/oder deren Eltern erbringen. Hierunter fällt auch weitestgehend die Kinderbetreuung.

§ 4 Nr. 26 UStG
Ehrenamtliche Tätigkeit, soweit die Gesamteinnahmen aus der ehrenamtlichen Tätigkeit 17.500 € pro Jahr nicht überschreiten und die Vergütung für den zeitlichen Aufwand 50 € nicht übersteigt.

Bitte überprüfen Sie sehr genau, ob Ihre Leistungen unter eine Umsatzsteuerbefreiungsvorschrift fallen und welche Voraussetzungen Sie dafür erfüllen und nachweisen müssen. Nichts ist ärgerlicher und schlechter für das Portemonnaie, wenn Umsatzsteuernachforderungen ins Haus stehen.

9.11. Umsatzsteuerkonten in der Buchführung

Wenn Sie umsatzsteuerpflichtig sind, achten Sie darauf, dass Sie für unterschiedlich hohe Mehrwertsteuersätze verschiedene Einnahmekonten verwenden.

z. B.: Honorare 19 %
Seminare 0 %, § 4 Nr. 21
Autorinnenhonorare 7 %

Die Geldflüsse der Umsatzsteuer sind bei der einfachen Buchführung Einnahmen bzw. Ausgaben, und Sie benötigen folgende Buchführungskonten:

Einnahmen:
Eingenommene Umsatzsteuer 19 %
Eingenommene Umsatzsteuer 7 %
Umsatzsteuererstattung vom Finanzamt

Ausgaben:
Gezahlte Vorsteuer
Umsatzsteuer an FA gezahlt

10. Die Einnahmenüberschussrechnung (§ 4 Abs. 3 EStG)

Die Einnahmenüberschussrechnung ist die Gewinnermittlung für all diejenigen, die nicht buchführungspflichtig sind und lediglich ihre Einnahmen und Ausgaben aufzeichnen. Das sind vermutlich genau Sie! Die Einnahmenüberschussrechnung ist der Jahresabschluss. Sie können jederzeit auch innerhalb des Jahres zusammenschreiben und ausrechnen, wo Sie wirtschaftlich stehen. Manchen macht es Freude, die Zahlen zu sehen, mit dem Vorjahr zu vergleichen und daraus Schlüsse für die Zukunft zu ziehen (Planung). Gerade zum Jahresende wollen Sie vielleicht wissen, ob Sie im Folgejahr noch Kleinunternehmerin sind. Sie wollen wissen, was an Steuern noch auf Sie zukommt. Oder Sie wollen wissen, ob Sie in der Familienversicherung bleiben können.

Auf Ihren Gewinn bzw. Verlust kommen Sie, wenn Sie von Ihren Betriebseinnahmen die Betriebsausgaben abziehen.

Betriebseinnahmen – Betriebsausgaben = Gewinn/Verlust

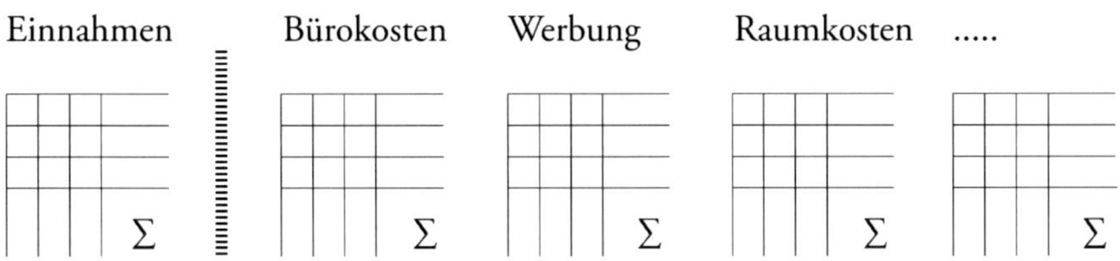

Aus Ihren Buchführungskontenblättern schreiben Sie zunächst die Überschriften untereinander auf ein Blatt, rechnen auf den Buchungskonten die Beträge zusammen und übertragen dann die Summe, die auf dem jeweiligen Buchführungskonto steht. Wenn Sie die Spalte »kumuliert« immer wieder ausgefüllt haben, dann brauchen Sie nur wenig zusammenzurechnen.

Einnahmenüberschussrechnung		**01.01. – 30.09.2012**
Einnahmen	Σ	____________ €
Summe Einnahmen		____________ **€**
Bürokosten	Σ	____________ €
Werbung	Σ	____________ €
Raumkosten	Σ	____________ €
...	Σ	____________ €
Summe Ausgaben		____________ **€**
Gewinn/Verlust		____________ **€**

Sie können so ein Formular vorbereiten, mit dem Sie von Zeit zu Zeit eine Einnahmenüberschussrechnung erstellen.
Vielleicht haben Sie bemerkt, wie schnell Sie jetzt schon eine Einnahmenüberschussrechnung erstellt haben? So können Sie in relativ kurzer Zeit beliebige Einnahmenüberschussrechnungen erstellen. Ob nun für das 2. Quartal oder vom 01.01. bis 30.09.
Wie Sie außerdem bemerken, ist dieses Buch auf der rechten Seite nicht mehr ganz so dick – die Hauptarbeit ist schon getan. Belege sortieren, ablegen, aufschreiben: Das ist der größte Berg an Arbeit, den Sie in kleine Häppchen aufgeteilt locker bewältigt haben.

10.1. Die Einnahmenüberschussrechnung als Jahresabschluss

Zur steuerlich korrekten Gewinnermittlung gelangen Sie durch ein paar zusätzliche Schritte. Alle Komponenten, die Sie nur einmal im Jahr berücksichtigen oder ermitteln, fließen ein und Sie kontrollieren die kritischen Betriebsausgaben:

- Buchungen prüfen
- Abschreibungen buchen (zum 31.12.) (Abschnitt 8.2.)
- Eigenverbrauch z. B. fürs Kfz ermitteln und buchen (Abschnitt 8.5.2.2.)
- Kosten des Arbeitszimmers berücksichtigen (Abschnitt 8.7.)
- Fahrtkosten, Entfernungspauschale erfassen (Abschnitt 8.5.2.1.)
- Verpflegungsmehraufwendungen buchen (Abschnitt 8.5.3.1.)
- Bewirtungskosten, um 30 % gekürzt, buchen (Abschnitt 8.4.1.)

Heften Sie die Abschreibungskarten und die Sammelpostenkarten in das nächste Jahr um, dann haben Sie die Gewähr, dass Sie sie im Folgejahr bei den Abschlussarbeiten nicht einfach »vergessen«.
Fertigen Sie sich eine kleine Checkliste (so wie oben) an. Da wir diese Arbeiten nur einmal im Jahr erledigen, vergessen wir sie leicht, und so ein Schriftstück ist eine gute Erinnerungsstütze.

Beispiel:

Name/Art des Betriebes:	**Fliederbusch**	
Name der Inhaberin:	**Gerti Maulwurf**	
Steuer-Nr.:	**201/5638/0102**	Jahr: 2012
Einnahmen aus Gartenbau		**14.300 €**
Eigenverbrauch		48 €
Betriebseinnahmen		**14.348 €**
Wareneinkauf		3.600 €
Bürokosten		385 €
Raumkosten		629 €
Werbung		350 €
Fahrtkosten		3.300 €
Reisekosten		85 €
Bewirtung		70 €
Sonstige Kosten		814 €
Verteilung Sammelposten		295 €
Abschreibungen		348 €
Betriebsausgaben		**9.876 €**
Gewinn		**4.472 €**

10.2. Die Einnahmenüberschussrechnung als Formular EÜR

Langsam aber sicher nähern wir uns dem Ende. Zum Schluss steht die Einkommensteuererklärung. Ihre Einnahmenüberschussrechnung (Jahresabschluss) ist ein Teil davon.

Deshalb gibt es eine formalisierte Einnahmenüberschussrechnung: die Anlage EÜR. Wenn Ihre Gesamteinnahmen unter 17.500 € liegen »... wird es nicht beanstandet, wenn Sie die Anlage EÜR nicht einreichen« – heißt es. Mit anderen Worten: »Aber gut fänden wir, wenn Sie sie trotzdem einreichen würden.« Was Sie nicht müssen, können Sie beruhigt lassen. Wenn Ihre Gesamteinnahmen unter 17.500 € liegen, legen Sie Ihre nicht formalisierte Einnahmenüberschussrechnung Ihrer Einkommensteuererklärung bei. Das reicht aus.

Kommen Sie nicht so gut weg, bleibt Ihnen das Formular nicht erspart. Mit unseren bislang verwendeten Beispieldaten sieht das Formular aus dem o. g. Beispiel und den Beispielen aus dem Buch wie folgt aus:

2012

Anlage EÜR

Bitte für jeden Betrieb eine gesonderte Anlage EÜR einreichen!

Zeile			
	Name/Gesellschaft/Gemeinschaft/Körperschaft		
1	Maulwurf		
	Vorname		
2	Gerti		
3	**(Betriebs-)Steuernummer** 201/5638/0102		77 12 1
			99 15

Einnahmenüberschussrechnung
nach § 4 Abs. 3 EStG für das Kalenderjahr 2012 Beginn Ende

Zeile		Kz.	
4	**davon abweichend**	**131** 2012	**132**
	Art des Betriebs		Zuordnung zur Einkunftsart (siehe Anleitung)
5	**100** Fliederbusch	**105**	3
6	Wurde im Kalenderjahr/Wirtschaftsjahr der Betrieb veräußert oder aufgegeben? (Bitte Zeile 66 beachten)	**111**	Ja = 1
7	Wurden im Kalenderjahr/Wirtschaftsjahr Grundstücke/grundstücksgleiche Rechte entnommen oder veräußert?	**120** 2	Ja = 1 oder Nein = 2

1. Gewinnermittlung 99 20

Zeile	Betriebseinnahmen	Kz.	EUR Ct
8	Betriebseinnahmen als umsatzsteuerlicher **Kleinunternehmer** (nach § 19 Abs. 1 UStG)	**111**	
9	davon nicht steuerbare Umsätze sowie Umsätze nach § 19 Abs. 3 Satz 1 Nr. 1 und 2 UStG **119**	*(weiter ab Zeile 15)*	
10	Betriebseinnahmen als **Land- und Forstwirt,** soweit die Durchschnittssatzbesteuerung nach § 24 UStG angewandt wird	**104**	
11	Umsatzsteuerpflichtige Betriebseinnahmen		
12	Umsatzsteuerfreie, nicht umsatzsteuerbare Betriebs... nahmen, für die der Leistungsempfänger die Um...		14.300,00
13	davon Kapitalerträge		
14	Vereinnahmte Umsatzsteuer sowie Umsatz...		
15	Vom Finanzamt erstattete und ggf. verrechn...		
16	Veräußerung oder Entnahme von Anlagevermög...		
17	Private Kfz-Nutzung		
18	Sonstige Sach-, Nutzungs- und Leistungsentnahmen	**108**	48,00
19	Auflösung von Rücklagen und Ausgleichsposten (Übertrag aus Zeile 76)		
20	**Summe Betriebseinnahmen** (Übertrag in Zeile 61)	**159**	14.348,00

> Programmfehler...
> Leider war es mir hier wider besseren Wissens nicht möglich, die Einnahmen in das korrekte Feld (8) einzusetzen.

99 25

Zeile	Betriebsausgaben	Kz.	EUR Ct
21	Betriebsausgabenpauschale **für bestimmte Berufsgruppen** und/oder Freibetrag nach § 3 Nr. 26, 26a und/oder 26b EStG	**190**	
22	Sachliche Bebauungskostenpauschale für **Weinbaubetriebe**/ Betriebsausgabenpauschale für **Forstwirte**	**191**	
23	Waren, Rohstoffe und Hilfsstoffe einschl. der Nebenkosten	**100**	3.600,00
24	Bezogene Fremdleistungen	**110**	
25	Ausgaben für eigenes Personal (z. B. Gehälter, Löhne und Versicherungsbeiträge)	**120**	
	Absetzung für Abnutzung (AfA)		
26	AfA auf unbewegliche Wirtschaftsgüter (ohne AfA für das häusliche Arbeitszimmer)	**136**	
27	AfA auf immaterielle Wirtschaftsgüter (z. B. erworbene Firmen-, Geschäfts- oder Praxiswerte)	**131**	
28	AfA auf bewegliche Wirtschaftsgüter (z. B. Maschinen, Kfz)	**130**	348,00
	Übertrag (Summe Zeilen 21 bis 28)		3.948,00

2012AnlEÜR801 [© Akademische Arbeitsgemeinschaft, Mannheim] **2012AnlEÜR801**

(Betriebs-)Steuernummer 201/5638/0102

Zeile	Position	Kz	nicht abziehbar EUR Ct	Kz	EUR Ct
	Übertrag (Summe Zeilen 21 bis 28)				3.948,00
31	Sonderabschreibungen nach § 7g EStG			134	
32	Herabsetzungsbeträge nach § 7g Abs. 2 EStG (Erläuterungen auf gesondertem Blatt)			138	
33	Aufwendungen für geringwertige Wirtschaftsgüter nach § 6 Abs. 2 EStG			132	
34	Auflösung Sammelposten nach § 6 Abs. 2a EStG			137	295,00
35	Restbuchwert der ausgeschiedenen Anlagegüter			135	
	Raumkosten und sonstige Grundstücksaufwendungen (ohne häusliches Arbeitszimmer)				
36	Miete/Pacht für Geschäftsräume und betrieblich genutzte Grundstücke			150	629,00
37	Miete/Aufwendungen für doppelte Haushaltsführung			152	
38	Sonstige Aufwendungen für betrieblich genutzte Grundstücke (ohne Schuldzinsen und AfA)			151	
	Sonstige unbeschränkt abziehbare Betriebsausgaben				
39	Aufwendungen für Telekommunikation (z. B. Telefon)			280	385,00
40	Fortbildungskosten			281	
41	Rechts- und Steuerberatung, Buchführung			194	
42	Schuldzinsen zur Finanzierung von Anschaffungs- und Herstellungskosten von Wirtschaftsgütern des Anlagevermögens			232	
43	Übrige Schuldzinsen			234	
44	Gezahlte Vorsteuerbeträge			185	
45	An das Finanzamt gezahlte und ggf. verrechnete Umsatzsteuer			186	
46	Rücklagen, stille Reserven und/oder Ausgleichsposten (Übertrag aus Zeile 76)				
47	Übrige unbeschränkt abziehbare Betriebsausgaben			183	1.177,00
	Beschränkt abziehbare Betriebsausgaben und Gewerbesteuer		nicht abziehbar EUR Ct		abziehbar EUR Ct
48	Geschenke	164		174	
49	Bewirtungsaufwendungen	165	30,00	175	70,00
50	Verpflegungsmehraufwendungen			171	72,00
51	Aufwendungen für ein häusliches Arbeitszimmer (einschl. AfA und Schuldzinsen)	162		172	
52	Sonstige beschränkt abziehbare Betriebsausgaben	168		177	
53	Gewerbesteuer	217		218	
	Kraftfahrzeugkosten und andere Fahrtkosten				
54	Tatsächliche Kraftfahrzeugkosten und andere Fahrtkosten (laufende und feste Kosten ohne AfA und ohne Zinsen)			140	3.000,00
55	Kraftfahrzeugkosten für Wege zwischen Wohnung und Betriebsstätte; Familienheimfahrten (pauschaliert oder tatsächlich)			142 –	
56	Mindestens abziehbare Kraftfahrzeugkosten für Wege zwischen Wohnung und Betriebsstätte (Entfernungspauschale); Familienheimfahrten			176 +	300,00
57	**Summe Betriebsausgaben** (Übertrag in Zeile 62)			199	9.876,00

2012AnlEÜR802 | © Akademische Arbeitsgemeinschaft, Mannheim | 2012AnlEÜR802

(Betriebs-)Steuernummer 201/5638/0102

Ermittlung des Gewinns

Zeile		Kz		EUR Ct
61	Summe der Betriebseinnahmen (Übertrag aus Zeile 20)			14.348,00
62	abzüglich Summe der Betriebsausgaben (Übertrag aus Zeile 57)		–	9.876,00
	zuzüglich			
63	– Hinzurechnung der Investitionsabzugsbeträge nach § 7g Abs. 2 EStG (Erläuterungen auf gesondertem Blatt)	188	+	0,00
64	– Gewinnzuschlag nach § 6b Abs. 7 und 10 EStG	123	+	
	abzüglich			
65	– Investitionsabzugsbeträge nach § 7g Abs. 1 EStG (Erläuterungen auf gesondertem Blatt)	187	–	0,00
66	Hinzurechnungen und Abrechnungen bei Wechsel der Gewinnermittlungsart (Erläuterungen auf gesondertem Blatt)	250		
67	Ergebnisanteile aus Beteiligungen an Personengesellschaften	255		
68	Korrigierter Gewinn/Verlust	290		4.472,00

Zeile		Kz	Gesamtbetrag	Kz	Korrekturbetrag
69	Bereits berücksichtigte Beträge, für die das Teileinkünfte-verfahren bzw. § 8b KStG gilt	261		262	

Zeile		Kz		EUR Ct
70	Steuerpflichtiger Gewinn/Verlust vor Anwendung des § 4 Abs. 4a EStG	293		4.472,00
71	Hinzurechnungsbetrag nach § 4 Abs. 4a EStG	271	+	
72	**Steuerpflichtiger Gewinn/Verlust**	219		4.472,00

2. Ergänzende Angaben

99 27

Rücklagen und stille Reserven
(Erläuterungen auf gesondertem Blatt)

Zeile		Kz	Bildung/Übertragung EUR Ct	Kz	Auflösung EUR Ct
73	Rücklagen nach § 6c i. V. m. § 6b EStG, R 6.6 EStR	187		120	
74	Übertragung von stillen Reserven nach § 6c i. V. m. § 6b EStG, R 6.6 EStR	170			
75	Ausgleichsposten nach § 4g EStG	191		125	
76	Gesamtsumme	190		124	
			(Übertrag in Zeile 46)		(Übertrag in Zeile 19)

99 29

Entnahmen und Einlagen i. S. d. § 4 Abs. 4a EStG

Zeile		Kz	EUR Ct
77	Entnahmen einschl. Sach-, Leistungs- und Nutzungsentnahmen	122	4.171,00
78	Einlagen einschl. Sach-, Leistungs- und Nutzungseinlagen	123	1.000,00

2012AnlEÜR803

11. Die Einkommensteuererklärung

Üben Sie eine selbständige bzw. gewerbliche Tätigkeit aus, sind Sie einerseits verpflichtet, eine Einkommensteuererklärung abzugeben, andererseits sie elektronisch abzugeben. Ob Sie Einkommensteuer zahlen müssen, steht auf einem anderen Blatt. Es gibt noch mehr Gründe, weshalb Sie verpflichtet sein können, eine Erklärung abzugeben. Wenn Sie z. B. arbeitslos waren, Krankengeld bezogen haben, in Steuerklasse III oder V sind oder noch aus vielen anderen Gründen.

Neben der Einkommensteuer wird der Solidaritätszuschlag erhoben. Und die Kirchensteuer, wenn Sie einer Kirche angehören. Sonst nicht.

Natürlich ist das Einkommensteuerrecht recht kompliziert; es füllt ganze Bände. Hier geht es darum, dass Sie einen strukturellen Überblick bekommen und Ihr Einkommen aus selbständiger Tätigkeit einordnen können.

Die Einkommensteuer ist eine private Ausgabe, die Sie als natürliche Person auf Ihr Gesamteinkommen dem Staat schulden. Nach dem altbekannten Schema: Einkommensteuer ist keine Betriebsausgabe.

11.1. Was Sie als Selbständige ausfüllen müssen

Als Selbständige oder Gewerbetreibende tragen Sie Ihren Gewinn bzw. Verlust in die Anlage S (freiberufliche Tätigkeit) oder die Anlage G (Gewerbetreibende) ein. Als Beleg schicken Sie entweder die Anlage EÜR oder Ihre eigene Einnahmenüberschussrechnung mit (siehe Abschnitt 10).

2012

Anlage G

Jeder Ehegatte mit Einkünften aus Gewerbebetrieb hat eine eigene Anlage G abzugeben.

Zeile			
1	Name: Maulwurf		
2	Vorname: Gerti		
3	**Steuernummer** 201/5638/0102	**Bei Bruttoeinnahmen ab 17.500 € ist für jeden Betrieb, soweit keine Bilanz erstellt wird, zusätzlich eine Anlage EÜR elektronisch zu übermitteln.**	X stpfl. Person / Ehemann — Ehefrau

Einkünfte aus Gewerbebetrieb

Gewinn (ohne die Beträge in den Zeilen 31, 34, 38, 40, 41 und 44; bei ausländischen Einkünften: Anlage AUS beachten) **44**

als Einzelunternehmer
(Art des Gewerbes, bei Verpachtung: Art des vom Pächter betriebenen Gewerbes)

Zeile		Kennzahl	EUR
4	1. Betrieb: Fliederbusch	**10/11**	4.472 ,–
5	2. Betrieb	**62/63**	,–
6	Weitere Betriebe	**12/13**	,–
7	lt. gesonderter Feststellung (Betriebsfinanzamt und Steuernummer)	**58/59**	,–
	als Mitunternehmer (Gesellschaft, Finanzamt und Steuernummer)		
8	1.	**14/15**	,–
9	2.	**16/17**	,–
10	3.	**18/19**	,–
11	4.	**20/21**	,–
12	Gesellschaften / Gemeinschaften / ähnliche Modelle i. S. d. § 15b EStG		,–
13	In den Zeilen 4 bis 11 und 44 nicht enthaltener steuerfreier Teil der Einkünfte, für die das **Teileinkünfteverfahren** gilt – Berechnung auf besonderem Blatt –	**24/25**	,–
14	Ich beantrage für den in den Zeilen 4 bis 11 und 34 enthaltenen Gewinn die Begünstigung nach § 34a EStG und / oder es wurde zum 31.12.2011 ein nachversteuerungspflichtiger Betrag festgestellt. Beigefügte **Anlage(n) 34a**	Anzahl	0

Zusätzliche Angaben bei Steuerermäßigung nach § 35 EStG

Zeile		Kennzahl	EUR
15	Für 2012 festzusetzender (anteiliger) Gewerbesteuer-Messbetrag i. S. d. § 35 EStG des Betriebs / des Mitunternehmeranteils lt. Zeile (ohne Gewerbesteuer-Messbetrag, der auf nach § 5a Abs. 1 EStG ermittelten Gewinn oder Gewinn i. S. d. § 18 Abs. 3 UmwStG entfällt) – Berechnung auf besonderem Blatt –	**64/65**	,–
16	Für 2012 tatsächlich zu zahlende Gewerbesteuer, die auf den Gewerbesteuer-Messbetrag lt. Zeile 15 entfällt – Berechnung auf besonderem Blatt –	**66/67**	,–
17	Für 2012 festzusetzender (anteiliger) Gewerbesteuer-Messbetrag i. S. d. § 35 EStG des Betriebs / des Mitunternehmeranteils lt. Zeile (ohne Gewerbesteuer-Messbetrag, der auf nach § 5a Abs. 1 EStG ermittelten Gewinn oder Gewinn i. S. d. § 18 Abs. 3 UmwStG entfällt) – Berechnung auf besonderem Blatt –	**68/69**	,–
18	Für 2012 tatsächlich zu zahlende Gewerbesteuer, die auf den Gewerbesteuer-Messbetrag lt. Zeile 17 entfällt – Berechnung auf besonderem Blatt –	**70/71**	,–
19	Summe aller weiteren für 2012 festzusetzenden (anteiligen) Gewerbesteuer-Messbeträge i. S. d. § 35 EStG der Betriebe / der Mitunternehmeranteile lt. den Zeilen 4 bis 11 und 44 (ohne Gewerbesteuer-Messbeträge, die auf nach § 5a Abs. 1 EStG ermittelte Gewinne oder Gewinne i. S. d. § 18 Abs. 3 UmwStG entfallen) – Berechnung auf besonderem Blatt –	**85/86**	,–
20	Summe aller weiteren für 2012 tatsächlich zu zahlenden Gewerbesteuern, die auf die Gewerbesteuer-Messbeträge lt. Zeile 19 entfallen – Berechnung auf besonderem Blatt –	**81/82**	,–

Bei zusammenveranlagten Ehegatten:

Bezieht nur ein Ehegatte Einkünfte aus Gewerbebetrieb, sind in den Zeilen 21 bis 28 auch die Einkünfte des anderen Ehegatten einzutragen. Beziehen beide Ehegatten Einkünfte aus Gewerbebetrieb, füllt jeder Ehegatte die Zeilen 21 bis 28 in seiner eigenen Anlage G aus.

Zeile			stpfl. Person / Ehemann EUR		Ehefrau EUR
21	Summe der positiven Einkünfte aus Land- und Forstwirtschaft		,–		,–
22	Summe der positiven Einkünfte aus Gewerbebetrieb		4.472 ,–		,–
23	Summe der positiven Einkünfte aus selbständiger Arbeit		,–		,–
24	Summe der positiven Einkünfte aus nichtselbständiger Arbeit		,–		,–
25	Summe der positiven Einkünfte aus Vermietung und Verpachtung		,–		,–
26	Summe der positiven sonstigen Einkünfte		,–		,–
27	Summe der Zeilen 21 bis 26	**72**	4.472 ,–	**73**	,–
28	Positive Summe der Einkünfte aus Kapitalvermögen, die der tariflichen Einkommensteuer unterliegen		,–		,–

11.2. Was ist eigentlich Einkommen?

Das Einkommensteuergesetz unterscheidet in § 2 sieben verschiedene Einkunftsarten:

▪ Einkünfte aus nichtselbständiger Arbeit	Anlage	N
▪ Einkünfte aus Gewerbebetrieb	Anlage	G
▪ Einkünfte aus selbständiger Arbeit	Anlage	S
▪ Einkünfte aus Land- und Forstwirtschaft	Anlage	L
▪ Einkünfte aus Vermietung und Verpachtung	Anlage	V
▪ Einkünfte aus Kapitalvermögen	Anlage	KAP
▪ Sonstige Einkünfte (u. a. Renten)	Anlage	SO
	Anlage	R

Darüber hinaus gibt es private Ausgaben, die steuerlich berücksichtigt werden und sich in weiteren Anlagen widerspiegeln:
Wie z. B.

▪ Anlage Kinder	Anlage	K
▪ Anlage Ausländische Einkünfte	Anlage	AUS
▪ Vorsorgeaufwand	Anlage	VORSORGEAUFWAND

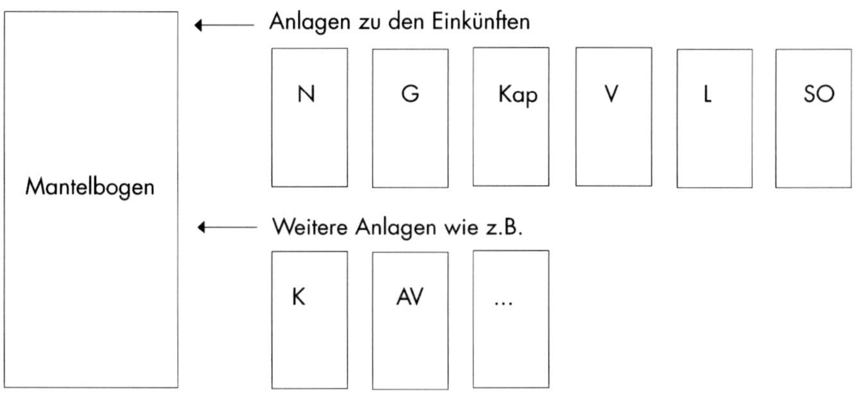

Darüber hinaus gibt es Anlagen zu den Anlagen für die Tiefen der Materie. Grundsätzlich gilt die Trennung von Beruflichem und Privatem, vor allem was den Abzug von Ausgaben betrifft. Das können Sie an der Aufteilung der Anlagen erkennen.

Bei den Einkunftsarten gilt das Nettoprinzip. Das bedeutet, dass Sie von den jeweiligen Einnahmen die Ausgaben (ausgenommen bei Kapitalerträgen) abziehen können.
Die Berechnung der verschiedenen Einkünfte erfolgt jeweils getrennt und immer nach dem gleichen bzw. ähnlichen Muster:

Einnahmen aus xy – Ausgaben aus xy = Einkünfte aus xy

Die Berechnung des zu versteuernden Einkommens ergibt sich aus:

Betriebseinnahmen	Betriebseinnahmen	Bruttolohn	Einnahmen aus Kapitalvermögen	...
./. Betriebsausgaben	./. Betriebsausgaben	./. Werbungskosten	./. Freibetrag	./. ...
= Einkünfte aus Gewerbebetrieb +	= Einkünfte aus selbständiger Tätigkeit +	= Einkünfte aus nichtselbständiger Tätigkeit +	= Einkünfte aus Kapitalvermögen +	= Einkünfte aus ...

= Gesamteinkünfte

./. Verlustabzug (macht das Finanzamt)

./. Außergewöhnliche Belastungen

./. Freibeträge

= zu versteuerndes Einkommen

Vorsorgeaufwendungen sind z. B.

- Beiträge zur Kranken-, Pflege- und Rentenversicherung
- Riester-, Rürup-Versicherungen, Lebensversicherungen (vor 2005, keine Risikolebensversicherung)
- Unfallversicherung, Haftpflichtversicherung und Risikolebensversicherungen

Zu den anderen Sonderausgaben gehören z. B.:

- Unterhaltsleistungen (Unerhalt an dauernd getrennt lebende oder geschiedene (Ehe-)Partner_innen)
- Kirchensteuer
- haushaltsnahe Dienstleistungen und Handwerksleistungen
- Ausbildungskosten bis 6.000 €, sofern sie keine Werbungskosten oder Betriebsausgaben sind
- Schulgeld an Ersatz- oder Ergänzungsschulen
- Spenden (höchstens 20 % der Gesamteinkünfte)

Außergewöhnliche Belastungen

Außergewöhnliche Belastungen sind eindeutig private Ausgaben. Das sind Ausgaben, denen Sie sich nicht entziehen können und welche die wirtschaftliche Leistungsfähigkeit mindern. Das sind z. B.

- Behinderte und Hinterbliebene
- Pflege von Angehörigen, Beschäftigung einer Hilfe im Haushalt
- Heimunterbringung
- Unterhalt für bedürftige Personen

  Andere außergewöhnliche Belastungen
  - Krankheitskosten
  - Zuzahlungen zu Arzneimitteln, Behandlungen
  - Heilpraktikerinnenhonorare
  - Krankenhausaufenthalte
  - damit verbundene Fahrtkosten
  - Beerdigungskosten
  - Scheidungskosten

Sind Sie nebenberuflich in einer staatlichen oder gemeinnützigen Einrichtung tätig, dann bleiben für die unterrichtende, künstlerische oder betreuende Tätigkeit 2.100 € im Jahr einkommensteuerfrei (Übungsleiterpauschale § 3 Nr. 26 EStG).

11.3. Die Einkommensteuer

Die Einkommensteuer ist eine Steuer, die progressiv ansteigt: Je höher das zu versteuernde Einkommen, umso höher der Steuerprozentsatz. Der Steuersatz beginnt ab 8.130 € (Steuerfreibetrag 2013 Ledige) bei 14 % und endet bei 42 % bei einem zu versteuernden Einkommen von ca. 52.000 € (Ledige).
Verheiratete (Verpartnerte noch nicht) können sich zusammen veranlagen lassen. Dann verdoppelt sich der Steuerfreibetrag.

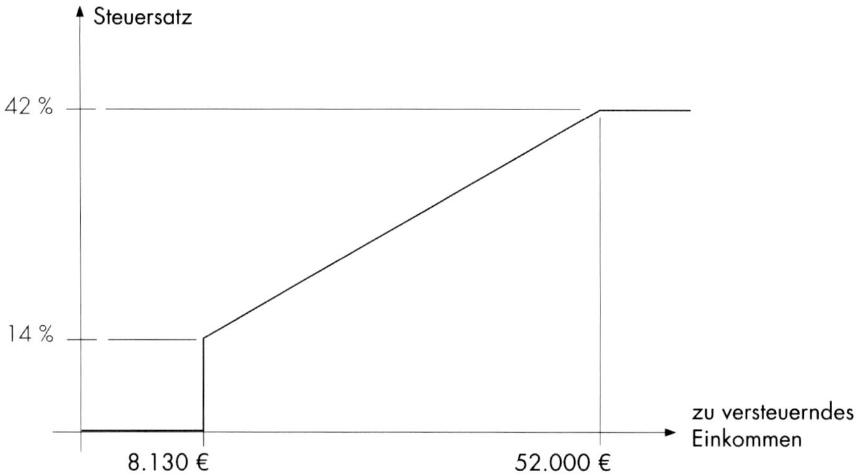

Wenn Sie Einkünfte haben, die dem »Progressionsvorbehalt« unterliegen (z. B. Arbeitslosengeld 1, Krankengeld oder ausländische Einkünfte), dann gelten diese zwar als steuerfrei, erhöhen jedoch Ihren Steuersatz. Was in der Regel zu meist unerwartet höheren Steuern und Nachzahlungen führt.
Ergeben sich aus den Einkunftsarten Verluste, so verrechnet das Finanzamt sie untereinander. Alle nicht verrechenbaren Verluste werden in das Vorjahr zurückgetragen (das müssen Sie beantragen) oder in die kommenden Jahre vorgetragen.
Bei Angestellten wird die Einkommensteuer (Lohnsteuer) vom Arbeitgeber einbehalten und von diesem an das Finanzamt gezahlt. Kapitaleinkünfte werden – sofern kein Freistellungsauftrag erteilt wurde – auch direkt mit 25 % besteuert. Ihnen fließen die Kapitaleinkünfte nach Steuern zu.
Als Selbständige und nebenberuflich Selbständige müssen Sie Ihren Gewinn erstens nachträglich versteuern, zweitens berechnet das Finanzamt daraufhin

Steuervorauszahlungen, die Sie vierteljährlich am 10.03., 10.06., 10.09., und 10.12. leisten müssen. Mit Ihrem Einkommensteuerbescheid werden diese Vorauszahlungen und ggf. die von Ihnen gezahlte Lohnsteuer verrechnet.
Als Selbständige sollten Sie darauf achten, dass Sie für die Steuern genügend Rücklagen bilden. Rechnen Sie damit, dass Sie für zwei Jahre zahlen müssen. Denn die Vorauszahlungen im laufenden Jahr werden direkt angepasst.

11.4. Frist für die Abgabe der Einkommensteuererklärung

Die Einkommensteuererklärung muss bis zum 31. Mai für das Vorjahr beim Finanzamt abgegeben werden. Die gleiche Frisst gilt für die Umsatzsteuererklärung. Sie können eine Fristverlängerung bis zum 30.09. beantragen. Reichen Sie die Steuererklärung über ein_e Steuerberater_in ein, ist die Abgabefrist 31.12. Das heißt allerdings nicht, dass Sie Ihre Unterlagen bei der Steuerberaterin so spät einreichen können. Sprechen Sie den Zeitpunkt am besten ab.

12. Gewerbesteuer

Freiberufler_innen sind nicht gewerbesteuerpflichtig. Nur wer mit einem Gewerbe selbständig ist, unterliegt auch der Gewerbesteuerpflicht.
Einzelgewerbetreibende und Personengesellschaften haben einen Freibetrag von 24.500 €. Liegt Ihr Gewinn darunter, so müssen Sie keine Gewerbesteuer zahlen. Die Gewerbesteuer wird jährlich festgesetzt. Sie wird aus dem Gewinn abgeleitet und berechnet. Der Hebesatz ist von Gemeinde zu Gemeinde unterschiedlich.

Anhand der folgenden Tabelle können Sie grob kalkulieren, wie viel Gewerbesteuer auf Sie zukommt.

	Gewinn aus Gewerbebetrieb (nach EStG)	30.532 €	
+	Hinzurechnungen § 8 GewStG (z. B. Mieten, Zinsen…)		
./.	Abrechnungen § 9 GewStG (z. B. Spenden)		
./.	Verluste aus Vorjahren		
=	ergibt den Gewerbeertrag	30.532 €	
=	Gewerbeertrag (nach Abrundung auf volle 100 €)	30.500 €	

Ermittlung der Gewerbesteuer

	Gewerbeertrag (nach Abrundung)	30.500 €	
./.	Freibetrag (nicht bei GmbH) 24.500 €	./. 24.500 €	
=	Bemessungsgrundlage	= 6.000 €	
X	Steuermesszahl 3,5 %	x 0,035	
=	**Steuermessbetrag**	**= 210 €**	
X	Hebesatz der Gemeinde(durchschnittlich ca. 400 %)	x 4,00	
=	**Gewerbesteuer**	**= 840 €**	

Die Gewerbesteuererklärung reichen Sie mit den anderen Erklärungen elektronisch beim Finanzamt ein. Die allgemeine Abgabefrist ist der 31.05. des Folgejahres, eine Fristverlängerung ist möglich.
Mit dem Gewerbesteuerbescheid setzt die Gemeinde Vorauszahlungen fest, die jeweils zum 15.02., 15.05., 15.08. und 15.11. fällig werden.
Die Gewerbesteuer ist eine Betriebsausgabe, die den Gewinn nicht vermindern darf. Sie ist eine nichtabziehbare Betriebsausgabe (siehe Abschnitt 8.4.3). Als »Ausgleich« wird der 3,5-fache Anteil des Steuermessbetrages auf die persönliche Einkommensteuer angerechnet (3,5 x 210 € = 735 €).
Es gibt Gewerbe, deren Gewerbeeinkommen von der Gewerbesteuer befreit ist
(§ 3 Nr. 6, 13, 15, 20 GewStG). Dazu gehören beispielsweise die meisten Pflegedienstleistungen, gemeinnützige Vereine und GmbHs (ausgenommen deren steuerpflichtige wirtschaftliche Geschäftsbetriebe) sowie umsatzsteuerfreie private Schulen.

13. Kommunikationen

13.1. Das Finanzamt

13.1.1. Was tun, wenn der Steuerbescheid kommt?

Bitte prüfen Sie Ihren Einkommensteuerbescheid und lesen Sie auch das Kleingedruckte!Prüfen Sie, ob der Steuerbescheid mit Ihren Angaben übereinstimmt:

- Höhe des Gewinns/Verlustes
- Art des Gewinns (Gewerbe oder selbständige Tätigkeit)
- Bei angestellter Tätigkeit: Werbungskosten
- usw.

Haben Sie die Erklärung mit einem Programm erstellt oder haben Sie eine Steuerberechnung, kontrollieren Sie am besten die allererste Position: »Festgesetzt werden ...« Wenn diese Zahl auf dem Bescheid mit Ihrer Zahl in der Berechnung übereinstimmt, dann hat das Finanzamt alles so berücksichtigt, wie Sie es beantragt und eingereicht haben. Lesen Sie bitte unbedingt den kleingedruckten Textteil in Ihrem Steuerbescheid. Dort schreibt das Finanzamt wichtige Dinge: Ob Sie noch etwas einreichen sollen oder ob das Finanzamt Einschränkungen vorsieht (z. B. die Liebhaberei, siehe Abschnitt 13.2.).

13.1.2. Anträge stellen

Falls das Finanzamt von Ihrer Steuererklärung abgewichen ist, prüfen Sie, welche Kosten in welcher Höhe das Finanzamt nicht anerkannt hat. Dies sollte das Finanzamt im Steuerbescheid auch begründen, falls nicht ein Fehler unterlaufen ist. Die Begründung ist im Textteil direkt nach dem Bescheid zu finden.
Wenn es sich »nur« um einen Fehler handelt, reicht es aus, dass Sie einen Antrag auf Änderung des Einkommensteuerbescheides stellen. Das können Sie auch telefonisch tun. Wenn Sie bis zum Ende der Einspruchsfrist (4 Wochen nach Erhalt des Bescheides) keinen neuen Steuerbescheid haben, stellen Sie den Antrag schriftlich.

13.1.3. Einspruch einlegen

Wenn Sie den Eindruck haben, das Finanzamt hat keinen Fehler gemacht, sondern eine andere Rechtsauffassung als Sie, dann können Sie innerhalb von 4 Wochen schriftlich Einspruch einlegen. Der Einspruch muss begründet werden, allerdings kann die Begründung auch nachgeholt werden.
Ein Einspruch beim Finanzamt ist kostenlos und verpflichtet Sie zu nichts. Sie haben ein Recht auf einen Einspruchsbescheid, sofern der Einspruch rechtens ist und Sie »beschwert« sind. Damit ist gemeint, dass Sie steuerlich höher belastet sind, wenn der Einkommensteuerbescheid so bestehen bliebe.
Dann wird die gleiche Bearbeiterin ihre Entscheidungen nochmals prüfen und falls erforderlich Unterlagen und Aangaben nachfordern. Sie erhalten ggf. einen Brief, in dem das Finanzamt seine Meinung darlegt und Ihren Einspruch annimmt oder ihn ablehnt. Für den Fall, dass Sie den Einspruch aufrechterhalten möchten, sagen Sie im Zweifel ja. Nehmen Sie den Einspruch an dieser Stelle zurück, haben Sie sich Ihre Möglichkeiten verbaut. Lassen Sie sich nicht einschüchtern und glauben Sie bitte nicht, dass Sie daraus Nachteile haben oder als »Störenfrieda« gelten könnten. Es kostet Sie nichts, abzuwarten, bis das Finanzamt sich endgültig zu Ihrem Fall äußert und im Schreiben steht, dass Sie als Nächstes vor das Finanzgericht dürfen. Das kostet dann allerdings einiges und will wohl überlegt sein.

Erhalten Sie den Einspruch aufrecht, landet die Einkommensteuererklärung auf dem Tisch einer anderen Bearbeiterin (Rechtsbehelfsstelle). Sie gibt dem Einspruch statt oder weist ihn zurück. Gegen den Einspruchsbescheid können Sie vor dem Finanzgericht klagen.

13.2. Liebhaberei

Jetzt kommen wir zum lustvollen Teil des Buchs … nein, weit gefehlt. Die steuerliche Liebhaberei ist eher so etwas wie ein Vorwurf und bedeutet in längerer Form: »… dass die Gewinnerzielungsabsicht nicht abschließend beurteilt werden kann (Liebhaberei).« In diesem Fall ist der Einkommensteuerbescheid vorläufig. Wahrscheinlich haben Sie bisher nur Verluste erwirtschaftet. Das nimmt das Finanzamt als Zeichen dafür, dass Sie vielleicht gar nicht vorhaben, Gewinne zu erwirtschaften.
Manche glauben nun, sie dürften keinen Verlust erwirtschaften und müssten deshalb ihre Ausgaben einschränken. An dieser Stelle möchte ich daran erinnern,

dass die Buchführung »wahr« sein muss. Das gilt auch für die Ausgaben!
Für den Fall der vermuteten »Liebhaberei« sollten Sie sich darauf einstellen, dass Sie später Ihre Gewinnerzielungsabsicht nachweisen müssen. Es gehören nämlich noch viel schwerwiegendere Indizien als nur Verlust dazu, z. B.:

- eine Planung/Kalkulation, Konzept
- Werbemaßnahmen aller möglicher Arten
- Kostensenkungsmaßnahmen, Erlössteigerungsmaßnahmen
- Umstrukturierungsmaßnahmen, Erweiterung/Umstellung der Angebote
- Am Ende die Aufgabe der Tätigkeit (Unwirtschaftlichkeit)

Es können persönliche Umstände dazu führen, dass Sie Ihr Vorhaben nicht wie geplant umsetzen und den Gewinn nicht realisieren können. Dazu gehören Krankheit, familiäre Belastungen (z. B. Pflege) oder wenn aus Ihrer Teilzeitstelle plötzlich eine Vollzeitstelle wird (z. B. Elternzeitvertretung). Es heißt für Sie: Ruhig bleiben, Ihren Geschäften nachgehen und bei Nachfragen kühl Ihre Gewinnerzielungsabsicht belegen.

Bei einer geplanten oder auch ungeplanten Selbständigkeit rechnen Expert_innen mit einer Anlaufzeit von 3 bis 5 Jahren. Das kann von Branche zu Branche sehr unterschiedlich ausfallen und kürzer oder auch länger dauern. Steigende Einnahmen sind manchmal schon ein großer Fortschritt.

Nichtsdestotrotz sollten Sie sich nicht in die eigene Tasche lügen und Ihren wirtschaftlichen Erfolg unter die Lupe nehmen. Stimmt es, was Sie da tun? Korrespondieren Ihr Zeiteinsatz, Ihre Freude an der Arbeit, Ihr Gewinn?

13.3. Betriebsprüfung durch das Finanzamt

Bei Ihren Steuererklärungen reichen Sie Zusammenfassungen ein. Sei es die Erklärung selbst (Umsatzsteuer, Gewerbesteuer) oder die Einnahmenüberschussrechnung. Die Belege, die Buchführung und Berechnungen bleiben bei Ihnen. Manchmal überzeugt sich das Finanzamt von der Richtigkeit dieser Unterlagen, indem es eine Betriebsprüfung anordnet und die Belege und Angaben prüft. Eine Betriebsprüfung wird ca. 4 Wochen vorher angekündigt. Aus diesem Schreiben gehen der Umfang hervor (Steuerarten) als auch der Zeitraum. In der Regel prüft das Finanzamt die letzten 3 vergangenen Jahre.

Das ist ein normaler Vorgang, der bei den meisten Unbehagen hervorruft. Aber welche Prüfung tut das nicht? Niemanden lässt eine solche Prüfung gänzlich kalt. Haben Sie alles nach besten Wissen und Gewissen erledigt, dann können Sie auch ruhig schlafen.
Wenn Sie Fehler gemacht haben, dann wird ein_e Prüfer_in sie finden und Ihren Gewinn entsprechend nach oben und unten korrigieren. Als Folge werden die Steuerbescheide geändert und Sie müssen eventuell Steuern nachzahlen und sie ggf. verzinsen. Wann Sie eine Betriebsprüfung bekommen und ob überhaupt, lässt sich nicht vorhersagen.

13.4. Wie finde ich die/den Steuerberater_in meines Vertrauens?

Vielleicht kennen Sie die Situation: Je nachdem, wen Sie um fachlichen Rat fragen, bekommen Sie unterschiedliche Antworten. Das kann Ihnen auch bei SteuerberaterInnen passieren. Das klingt abenteuerlich, ist aber durchaus Realität. Das hat zum einen mit der Kompliziertheit des Steuerrechts zu tun, andererseits gibt es auch in unseren Fachkreisen »Glaubensgrundsätze«, die selten hinterfragt werden. (Einer dieser Grundsätze lautet z. B.: »Vorsteuerabzug ist gut und deshalb lohnt sich auch die Option auf die Umsatzsteuerpflicht«.)
Das sogenannte harte Steuerrecht artet dann in eine Glaubensfrage aus und Sie überlegen, welcher/welchem Steuerberater_in Sie glauben und vertrauen wollen.

Meiner Erfahrung nach sind folgende Faktoren entscheidend:
Nimmt sie/er mich ernst? Wird mein Anliegen gehört?
Fühle ich mich gut aufgehoben, und vermittelt sie/er mir Sicherheit?

In einem Seminar haben die Teilnehmerinnen einmal folgende Kriterien für ihre Steuerberater_in erarbeitet:

- Kostenloses Vorgespräch
- Ich kann in Steuerangelegenheiten mit einzelnen Fragen zu ihr/ihm kommen
- Steuerberater_in sollte auch Tipps am Telefon geben können
- Sollte für eine Überprüfung meiner Einkommensteuer (z. B.) bereit sein
- Sollte meinen Fall gut kennen
- Sollte mir individuelle Tipps oder Vereinfachungsmöglichkeiten geben
- Sollte auf mögliche Nachteile bestimmter Vorgehensweisen hinweisen und beraten

- Informationen über Neuerungen, Rechnungsstellung usw.
- Informationen über Ausgaben, die ich abziehen kann
- Informationen, wann ich welche Steuern zahlen muss (Rücklagen)
- Sollte Termine einhalten, damit keine Verzugsstrafe fällig wird
- Wie viel Vorarbeit leiste ich und wirkt sich das auf den Preis aus?
- Wie lange behält sie/er meine Unterlagen?
- Wer bearbeitet meinen Auftrag?
- Branchenkenntnis und Kompetenzen, Spezialisierung
- Referenzen
- Preise und Kosten

Sprechen Sie bei der Suche die für Sie wichtigen Punkte an. Es gibt natürlich Wünsche, die Sie evtl. an eine/n Steuerberater_in haben, welche unerfüllt bleiben könnten: Belegablage, Belege sortieren, Vollständigkeit der Unterlagen, Vorarbeiten (Reisekostenabrechnungen). Es kann sein, dass die Steuerberaterin in diesen Punkten nachfragt, es ist jedoch nicht selbstverständlich. Sie sind KundIn und leisten Ihren Teil: Vollständige Unterlagen zum gesetzten Termin abgeben.

Ich freue mich, wenn dieses Buch dazu beigetragen hat, dass Sie viel mehr verstehen und fast gar keine/n Steuerberater_In mehr brauchen – dass Sie wissen, welche Fragen Sie jetzt stellen sollten und dass Sie eine Menge selbst erledigen können.

Abkürzungsverzeichnis:

AO	Abgabenordnung
BFH	Bundesfinanzhof
EStG	Einkommensteuergesetz
GewStG	Gewerbesteuergesetz
GoB	Grundsätze ordnungsgemäßer Buchführung
HGB	Handelsgesetzbuch
UStG	Umsatzsteuergesetz

Internetseiten:
www.bundesfinanzministerium
www.minijobzentrale.de
www.finanzamt-»Ihre Stadt«.de

Mein Dank gilt:

Kornelia Claßen	für die Initialzündung, mit dem Vorwort schon mal anzufangen
Claudia Golomb	für den Tipp, 30 Probeseiten für einen Verlag zu schreiben, das Verlagswesen überhaupt, die unermüdliche Titel-Unterstützung
Karl und Angela Bessau	für zwei Wochen Schreib-Obdach daheim und auf dem Segelboot
Gwendolin Altenhöfer	für die Selbstdruck-Erfahrungen und den politischen Rückhalt
Angelika Bessau	für die kreative Suche nach Gestaltungstechniken
Yvonne Renne	*f*ür die Titelsuche und das Marketing
Ute Griesser	für das Pappeschneiden und Probelesen (Fortgeschrittene)
Emelie Hannig	für das Durchfüttern, die Gesellschaft in der Endphase und den heißen Tipp für ein Pin-Up-Daumenkino
Regina Schaefer	für das Probelesen (ambitionierte Fortgeschrittene), das unermüdliche Beraten und Ergänzen für so jeden Bereich
Susanne Lück	für das erfrischende und notwendige Lektorat sowie das Probelesen
Heike Hampel	für die Profi-Unterstützung Satz und Layout
Antonia Lange	für das Foto und die Motiv-Umsetzung
all meinen TeilnehmerInnen	für ihre vielen Erfahrungen und Tipps
Steuerberaterkammer Köln	für die Ausnahmegenehmigung

Und zum Schluss:

Kater Rotkowski	*x<<<<<<<3333333343333333333335*

I. Schema/Übersicht
II. Kontenplan
III. Kontenblatt (Kopiervorlage)
IV. Anlagenkarte (Kopiervorlage)
V. Aufzeichnung Kilometerpauschale (Kopiervorlage)
VI. Buchführung Gerti Maulwurf